古生物学家与科普作家写给孩子的恐龙科幻小说

三叠纪的黎明

邢立达 黄国超 著

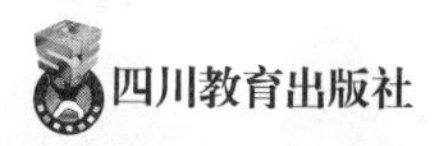

图书在版编目（CIP）数据

三叠纪的黎明 / 邢立达，黄国超著. -- 成都 ：四川教育出版社，2020. 7
（恐龙男孩·邢立达少年阅读系列）
ISBN 978-7-5408-7366-0

Ⅰ. ①三… Ⅱ. ①邢… ②黄… Ⅲ. ①恐龙－少年读物 Ⅳ. ①Q915.864-49

中国版本图书馆CIP数据核字（2020）第114838号

三叠纪的黎明

邢立达 黄国超 著

出品人 雷 华
策划人 武 明
责任编辑 吴永静
封面设计 赵 宇
版式设计 刘美彤
责任校对 王 丹
责任印制 高 怡
出版发行 四川教育出版社
地 址 四川省成都市黄荆路13号
邮政编码 610225
网 址 www.chuanjiaoshe.com
制 作 北京小天下时代文化有限责任公司
印 刷 成都思潍彩色印务有限责任公司
版 次 2020年7月第1版
印 次 2020年9月第1次印刷
成品规格 145mm × 210mm
印 张 6
字 数 71千字
书 号 ISBN 978-7-5408-7366-0
定 价 33.00元

寄少年：

人类的起源，从南方古猿“露西”开始计算，约有320万年的历史；从早期智人，也就是真正的人类开始计算，约有25万年的历史；人类发明的文字迄今为止可以记录的历史有5 500多年。但，这么长的光阴相对于地球46亿年的岁月，只不过是瞬息。

人类，这种两足行走的智慧生命，成功地改变了地球。现代人通过发掘、研究各个时期的古生物化石，用科学、严谨的方式，一步步地探索远古时代的生命密码，给那些在历史长河中曾经辉煌过的物种，重新赋予新的生命。然而，完成这项工作并不容易，它需要研究者拥有大量的知识和丰富的想象力。

亲爱的少年，希望你们通过阅读这套书，能爱上考古，对未知充满好奇；同时也希望你们努力学习科学知识，因为在地球上，古老的生命对我们来说依然迷雾重重，它们等着你们去探索、去发现。

岁月匆匆，我们已从懵懂少年成为人父。或许今天我们可以将父辈们一些想做却没有实现的事情去完成。

少年，请你们做好准备，整理思路，拿起书本，勇敢地跃入知识的海洋，去获取力量！你们的征途不仅有日月星辰，还有“深时”“深部”！

哦，别担心！地球上的化石还有很多很多，正在“沉睡”的它们期盼着你们去“唤醒”。

古伟

“恐龙男孩”的灵魂人物，时空管理总局古生物研究所最年轻的教授，是恐龙研究领域的专家。他在一次野外工作中遭遇意外事故，醒来后变成了一名 12 岁的孩子，所幸智力没有衰退，头脑依然灵光。他在时空管理总局的安排下，就读于山海小学六年级（2）班，因为拥有渊博的古生物知识，被同学们称为“博士”。

阿虎

时空管理总局反时空犯罪部队（ATS）第五大队的队长，负责时空犯罪的执法工作。他铁面无私，疾恶如仇，擅长格斗，在一次抓捕恐龙猎人的行动中，第一次与古伟相遇。意外事故的发生，也使他变成了 12 岁的孩子，与古伟同在山海小学六年级（2）班就读。因为体形变小，他只能选择放弃武力，学会多动脑子想办法。

拉面

生活在史前的一只亚成年特暴龙，体长七八米，体重接近 5 吨，无意中成为古伟的“救命恩龙”。意外事故使它变成了一只 1 岁左右的小特暴龙。它 1 米多高，浑身毛茸茸，短脖子上顶着一颗硕大的脑袋，嘴里长着香蕉形的尖牙，有一双完全不合比例的“小短手”。它可以通过时空管理总局特意为它研发的脑电波项圈与人类进行交流。

阿洛

古伟在山海小学的同桌，无论身高还是样貌，都平凡到能在人群里直接隐形。他学习成绩一般，却能说会道，生性胆小却对未知的一切充满好奇心，超级崇拜古伟。古伟和阿虎通过他和同学们很快熟悉起来，并得以了解学校里的各种趣事。他憨厚平和的微笑让古伟和阿虎变小后的种种不适消减了许多。

蟠猫

“疯子”博士波格创造出来的恐龙人女孩，外形与人类女孩极其相似。她融合了许多恐龙的基因，可以通过脑电波与恐龙对话，并且身手矫健。和普通人类不同的是，她每只手上只有 3 根手指，她秀气的外表下蕴含着巨大的能量。

我们在一起，就会了不起。

目 录

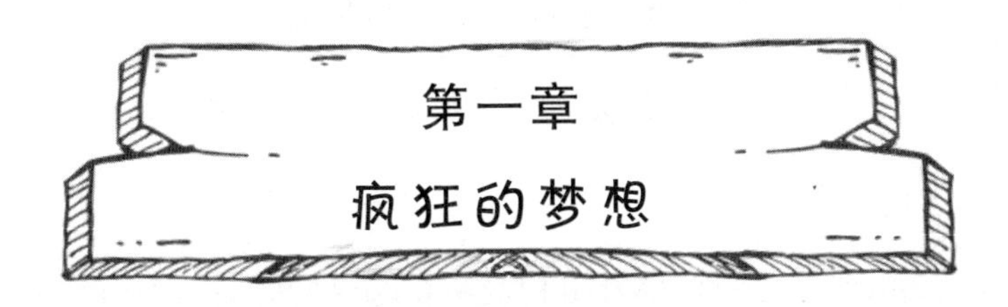

第一章 疯狂的梦想

时空管理总局古生物研究所门前绿草茵茵，偌大的草坪上，零星地矗立着数座大小不一的雕像。成群的小鸟在草坪上觅食，一派祥和宁静的景象。在最靠近研究所大门的花丛中，有一个大约一人高的花岗石基座，上面安放着一尊铜制的老先生的半身像。

这位老先生脸形微圆，戴着眼镜，他就是中国著名的地质学家和古生物学家杨先生，同时也

是恐龙研究界的泰斗。

铜制的雕像神情恬静，目光坚定，传神地体现了杨先生的博学与睿智。花岗石基座上刻着一行字：大丈夫只能向前。这句话是杨先生奋斗一生的写照，同时也激励着无数年轻人投身于科学事业。

此刻，一个小小的身影正安静地站在铜像前，虔诚地仰望着杨先生铜像坚毅的脸庞。这位12岁的小学生，是时空管理总局的老熟人——山海小学六年级（2）班的阿洛。

阿洛是古伟在山海小学的同桌。古伟原本是时空管理总局古生物研究所的教授，因一次虫洞意外事故，醒来后变成了身体年龄只有12岁的孩子，和他一起变小的还有时空管理总局反时空犯罪部队（简称ATS）第五大队的队长阿虎，以及一只叫拉面的亚成年特暴龙。幸运的是，两人的智力和专业知识并未衰退，特暴龙拉面的智力反而提升了很多。

时空管理总局安排古伟、阿虎和拉面到山海小学六年级（2）班就读，阿洛成为古伟的同桌。在那次被恐龙猎人掳到白垩纪，几人摆脱疯子博士波格的控制，被ATS救出之后，阿洛知道了古伟和阿虎的真实身份。同时，在白垩纪结识的恐龙人蟠猫也来到现代，成为六年级（2）班的一员。后来阿洛陷入国际防务集团的“中奖”陷阱，几个小伙伴在侏罗纪团结互助，凭借勇气和丰富的古生物、地质等方面的知识，度过了一次有惊无险的旅行。

侏罗纪之旅后，阿洛更加认识到，在困境中除了勇气和团结，丰富的知识储备也必不可少。

阿洛现在天天跟着古伟往时空管理总局跑，几乎和总局每个人都混熟了，加上他性格随和，大家都很喜欢他。

今天，阿洛几人刚到时空管理总局，古伟就

被局长带到办公室去了，阿虎也被汉源部长喊走了。小特暴龙拉面和恐龙人蟠猫，则被钟教授叫了去。现在就剩下阿洛一个人。他倒也不觉得无聊，悠然自得地到处闲逛。走着走着，就来到了时空管理总局旁边的古生物研究所门前。

阿洛嘴里喃喃自语："唉，我什么时候才能有杨先生这样的学识啊！谁要是能发明个机器，把高深的科学知识直接传输到我的脑袋里，那该多好呀！"

假如杨先生得知后世居然有这么个活宝学生，满脑子里想的不是如何刻苦学习，而是梦想着不劳而获，一定会哭笑不得的。

这个想法看似荒唐，但也不是只有阿洛会这么想。早在各种科幻影视剧中，脑洞大开的编剧们就已经无数次描绘过这种"超级"学习方法，既省时又省事。

在地球的某一处，此时正有一个人为了一个更加疯狂的想法奋斗着。尽管此人已经80多岁了，但不服老的心态让他几十年如一日坚持不懈地锻炼，所以他依然保持着强健的体魄。光从外表看，他也就50岁左右的样子。除此之外，他还拥有富可敌国的财富。他不惜耗费巨资网罗人才，建立了自己的研究中心，甚至冒着风险，开展违反社会伦理的实验，不惜一切代价去达成他的梦想——永葆青春。

此人正是大名鼎鼎的柯伦先生，一位超级富豪。他的名字，可以说是家喻户晓。他长期霸占着人物和财经类杂志的封面，他创立商业帝国的传奇经历也令无数年轻人津津乐道。

柯伦先生在科学界也享有极高的声誉，倒不是说他的科学素养有多高，而是因为他乐于在科研领域投入巨资。这一举动不仅使很多研究项目受益，也让他在科学界胜友如云，他可以获得各

种前沿科技信息，甚至有些还在保密阶段的研究，他都有机会接触到。

然而，这位超级富豪如此热衷于科学投资，大多数人恐怕不知道他真正的目的。这位柯伦先生所做的一切科学投资，都只不过是想让科学家们为他疯狂的梦想服务而已。

20岁时的柯伦，从不幸早早病逝的父母手中继承了庞大的商业帝国后，就已经开始有条不紊地为自己的永生计划布局了。父母早逝的事实，令柯伦明白了一个道理：就算有再多的钱，如果没有办法让自己永远享受金钱带来的幸福的话，那一切都是虚幻。

于是，他一边运用自己超群的商业天赋累积财富，一边投资前沿科学领域。为了掩人耳目，柯伦的投资并不只针对对他有价值的生物工程，而是来者不拒，任何遇到资金困难的科学家向他求助，都能得到他的资助。

不过，如果今天去找柯伦先生谈投资的话，注定要扑空了。因为他既不在占地千亩的城堡庄园，也不在气派的顶楼玻璃办公室——他甚至根本不在这个时代。

谁也不会想到，此时的柯伦正身处2亿多年前的三叠纪。三叠纪介于二叠纪与侏罗纪之间，是中生代的第一个纪。

在很多人的认知中，三叠纪远不如中生代的另两个纪——侏罗纪和白垩纪有名，然而恐龙能在中生代繁盛一时，起源却是在三叠纪。

2.5亿年前，二叠纪末期，发生了地球史上最为严重的一次物种大灭绝。地球上绝大多数的物种都遭遇了灭顶之灾，甚至连统治了海洋长达3亿多年的三叶虫，也未能幸免。这次地球物种大灭绝事件，使得地球上的物种进行了一次彻底的更新换代，为新晋生物腾出了孕育的空间和时间。进而，地球从古生代进入了中生代。

进入三叠纪，爬行动物占据了地球的统治地位，而恐龙和哺乳动物的出现，更是开启了一个崭新的时代。

纵观地球悠久的历史，总是如此周而复始，一次又一次洗牌后，自然会有新的物种兴旺起来。

“这鬼天气，怎么总是下雨，一天到晚湿答答的。”柯伦语气中透着厌烦，皱眉看着窗外的瓢泼大雨。来到自己专门在三叠纪设立的实验基地，柯伦总是习惯性地先视察一番，不过恶劣的天气彻底打消了他去室外走走的念头。

陪同柯伦的是研究中心首席科学顾问、生物工程和计算机专家安迪德教授。他面带微笑，附和着柯伦的抱怨，心中却暗自吐槽：上次来嫌干旱炎热，这次来又嫌不停下雨，三叠纪的天气又不是我说了算的。

在 2 亿多年前的三叠纪，地球大陆板块不像现在这样明确地分为几个大洲，而是聚在一起的一块巨大无比的盘古大陆，也叫“泛大陆”。盘古大陆四周被广阔无垠的超级海洋围绕，这个超级海洋可是集合了现在全球各大洋的总面积。因此沿海气候比较温暖湿润，大陆内部则因为距离海洋太远而干燥炎热，有的地区形成了一个巨大的沙漠，终年不见雨水。

到了三叠纪晚期，盘古大陆已经开始分裂，逐渐形成了冈瓦纳古陆和劳亚古陆，两个古陆之间是特提斯海。大陆海岸线延长了一倍，植物也开始大量繁殖。虽然气候仍然是以高温、干燥为主，但四季更加分明，而且有了集中的雨季。而现在正好是雨季。

安迪德可不敢当面顶撞柯伦，真把他得罪了，自己的饭碗也就保不住了。

实验基地的西翼实验区，银色的金属门悄然滑开，一行人进入门内，眼前是一个面积不小的空间。没有窗户的室内非常安静，四周是由温和的三基色构成的光源，很好地模拟出了自然日照的色温。

高亮度的白色地板坚硬平整，上面整整齐齐地摆放着一排排病床，粗略看去足有几十张。每张病床上都躺着一个人，身上插满了各种管子，床头监测机器的屏幕上不停变换着各种数据。整个房间笼罩着安静又诡异的气氛。

“先生请看，这些就是我们‘聪明计划’的最新一批实验对象。知识从前天开始灌输进他们的大脑。只是他们的大脑接收能力有限，而且不少人因为长期患病身体虚弱，刚开始传输数据就承受不住了。”安迪德指着躺在病床上的人解释说。柯伦兴致勃勃地凑近病床开始仔细观察，还接过助手递过来的数据报告察看。

他察看第一个人的资料的时候，脸色从一开始的兴奋变为严肃。每看一个人的资料，他的脸色就阴沉一分。当他来到一个看上去面色苍白、满脸胡子拉碴的人跟前时，已经明显很不高兴了。他扭头询问首席科学顾问："安迪德教授，你就不能找些正常点儿的实验对象吗？"

安迪德无奈地叹了口气："先生，您有所不知，我们正在进行的'数据程序化输入'实验，很难招募到合适的志愿者。志愿者不仅需要远离现代社会，来到三叠纪进行一周封闭训练，还需要签各种免责条款。这已经让很多人犹豫了。就算我们给的钱足够多，但可能导致的种种后果，如脑部受损甚至是死亡，更会让很多人却步。愿意来的也就是这些无家可归的流浪汉和重病无钱医治的人了。"

"什么？你们把存在的风险都列举得一清二楚？那怎么可能有人来当志愿者呢！"柯伦生气地大声责问。在他看来，这些可能的风险当然不应该告诉实验对象，如果告知实情，谁还肯来啊。

安迪德不得不继续解释说："这个……先生，我们通过合法正规的途径去招募志愿者，所有的风险都要预先说明，这是必须遵守的规定。不过，我们另外一个实验品来源就无须遵守规定了，例如精神病院和监狱，还有些从街头直接'弄'来的人。只是这个途径需要花费大量的金钱，还必须要小心行事，而且我们只能挑选那些没有亲属的人，因为一旦被发现可能会很麻烦。因此这个方式不能频繁使用。再加上实验品的质量参差不齐，所以现在的结果不太理想。"

柯伦其实对这些都一清二楚，他只是借机发泄对实验进度的不满而已。他手抚额头思考了好一会儿，才对安迪德说："我们的实验是为了人类的未来，这些不能保证质量的实验品不能再用了。别管什么法律法规了。之前听你说，这项实验最好的研究对象是还未成年的小孩子。这样吧，我会想办法弄一批小孩子过来当实验品，只有这样才能真正得到我们想要的结果。”

听到这个提议，就连一向为了利益什么都敢做的安迪德也不禁大吃一惊：“这样会不会太冒险了？一不小心可能会引起有关部门的注意，我们的实验是不能曝光的……”

“这些我会处理！你赶紧把现在这些实验品处理一下，我会立刻着手弄小孩子过来。你只要集中精力做好你的实验。好了，‘聪明计划’我们看到这里，现在去东翼看看克里的‘青春计划’进展如何吧。”

柯伦打断安迪德的话，转身走出了实验室。他为自己想到了一个绝妙的方法兴奋不已。

在基地东翼的实验区，柯伦终于听到了这一天里唯一的好消息。

负责“青春计划”的是年近 60 岁的古生物学家大胖子克里。他两手各拿着一个小小的玻璃容器，左手的容器中盛着金色的液体，右手的容器中则是浅蓝色的粉末。这两样东西乍看上去平淡无奇，似乎没有什么特别之处。

“诸位请看，我左手拿着的东西，是从始盗龙的血液中分离出来的一种特殊物质。始盗龙是最古老的恐龙之一。我 20 年前发表的一篇文章中，阐述过始盗龙具有极强的新陈代谢能力，以及它具有从冷血动物进化为热血动物的独特性。它的血液中含有一种使其保持高度活力的物质，这种物质假如能成功提炼出来，将对人类向更高级物种进化具有非常重大的意义。只是很可惜，几家权威学术刊物认为我在胡说八道，不肯发表我的论文……”说到这里，克里耸了耸肩，一副很遗憾的样子。

克里清了清喉咙，举起另一只手中的容器继续说：“这种粉末，来自另一种古老的恐龙——埃雷拉龙，准确地说这是埃雷拉龙大脑皮层的提取物。埃雷拉龙比始盗龙个头大很多，灵活性不足但智商非常高，因此我们也专门针对这个物种进行了研究。

“经过近20年的不懈努力，我们最近终于从始盗龙的血液和埃雷拉龙的大脑皮层中成功分离出两种物质。现在我将把它们命名为‘柯伦一号’和‘柯伦二号’，献给我们最敬爱的柯伦先生。”

克里说完，恭恭敬敬地把玻璃容器捧到了柯伦面前，低头的同时还用眼角余光瞄了一眼旁边的安迪德。

安迪德冷眼看着克里夸张的表演，心里直冷笑：没想到他还是个马屁精，真是人不可貌相。

柯伦接过玻璃容器，轻皱着眉头问：“克里教授，你说说这两种物质对于我们正在进行的‘聪明计划’和‘青春计划’有什么直接帮助吧。”

“当然，没有这两种物质，这两个计划能不能继续下去都是问题！”克里站直了身体，自信满

满地说，“始盗龙血液提取物加入了同样是三叠纪晚期出现的龟类——原鳄龟的基因，因此‘柯伦一号’可以说是延长寿命永葆青春的灵丹妙药！‘柯伦二号’用于人的大脑，能增强人类脑电波的强度，以及调整波形契合传输电波……说到这里，先生应该明白了吧？”

对于克里的长篇大论，柯伦认认真真地听完了。他现在明白了，这两种物质简直就是他实现梦想的钥匙啊。

柯伦双眼闪烁着兴奋的光芒，满脑子都是梦想成功后的情景。

柯伦等人所谓的“聪明计划”，就是通过电脑直接把知识灌输进人的大脑，这样既节省时间，又能有选择地灌输需要的知识。这项研究的最终目的，是把人类的意识逆向备份到电脑，再通过电脑输入另一个人的大脑中完成意识置换，这样柯伦就能通过不断置换身体达到永生的目的。

“青春计划”更加简单粗暴，从古生物身体中提炼出能让人类身体保持青春的物质，然后定期注射到身体中，人就能一直年轻下去。

“聪明计划”和“青春计划”，其实是互为补充的两个计划，最终都是为了柯伦能够实现自己的疯狂梦想，无论哪一个计划成功，他都是最大的受益者。

话说回来，想要永葆青春的有钱人多的是，如果实验成功，无论花多少钱他们都会乐意的。这将是一门最赚钱的生意。

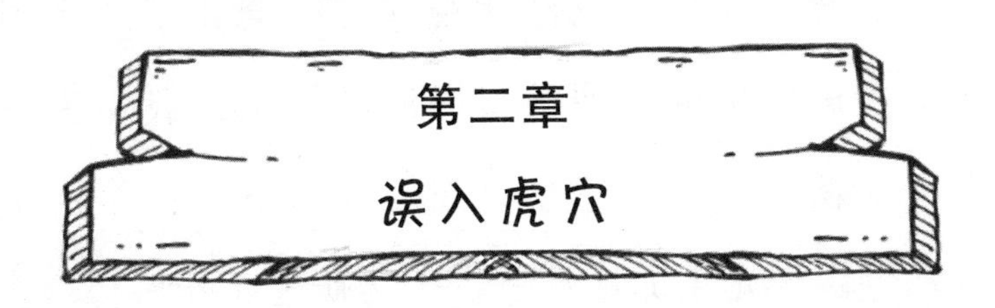

第二章 误入虎穴

阿洛独自站在杨先生的雕像前出了会儿神，正准备转身离开，一个面带微笑的年轻人拦住了他的去路。

年轻人身材瘦削，一身正装，头发梳得一丝不乱，鼻梁上架着一副金丝眼镜，看起来文质彬彬的。

“叔叔，有什么事吗？”阿洛的性格一贯大大咧咧，可不管你是不是斯文有礼。

年轻人脸上不自觉地抽搐了一下，显然是被这一声“叔叔”打击了一下。不过他很快回过神来，笑容满面地跟阿洛套近乎：“小朋友，你好，我叫卡特，在那边已经注视你好一会儿了。看到你站在杨先生的雕像前很虔诚的样子，我作为一个古生物学者非常感动。想问你一下，你是不是特别想像杨先生那样从事古生物研究工作？”

听到眼前这位年轻人居然是位古生物学者，阿洛一下子来了兴致。

“对呀，对呀。你也是搞古生物研究的呀，太厉害了！”阿洛无比羡慕地说，一脸的崇拜。

卡特微笑着点点头，说：“我就在这里工作，是副所长曾亮教授的助理。”

“咦？我经常来这里玩儿，曾亮爷爷我也挺熟的，但好像从来没见过你。”阿洛疑惑起来，皱着眉努力在脑海中搜寻和这位年轻人样貌相符的人。

卡特眼中闪过一丝慌乱，但很快镇定下来，

笑着说："原来你也认识曾教授啊。我今天刚来报到。对了，其实我主要是在另一家专门研究三叠纪的研究中心工作，你有没有兴趣去参观一下？"

"原来他是新来的，难怪之前没见过呢。"阿洛心想。

听到被邀请去研究中心参观，阿洛心情好极了，立刻答应下来："好啊，我们现在就去参观你说的研究中心吧！对了，叔叔，我叫阿洛，是山海小学六年级（2）班的学生。"

见阿洛如此迫不及待，卡特热情地说："请跟我来，我的车就停在这边。"阿洛光想着去研究中心参观，根本没留意到，这位自称是古生物学者的卡特，镜片后的眼睛眯了起来，嘴角也不经意地微微上扬。

小特暴龙拉面被曾亮教授抽了一管血去化验，又做了一些数据测试，刚扭着屁股慢悠悠走出古

生物研究所大门，就看到阿洛正跟着一个从没见过的年轻男人走远了。

“嗯？阿洛身边的那人是谁？他要跟那人去哪儿？”

拉面越想越不对劲，赶忙追了过去。

正常人走路的速度大约是 5 千米 / 时，成年特暴龙的速度能达到近 30 千米 / 时。幼年特暴龙体重较轻，大腿肌肉却已相当发达有力，以同样上下身比例而言，幼年特暴龙相对成年特暴龙的腿部承重更轻，因此速度比成年特暴龙还要快得多，跑起来也灵活得多。拉面迈开大长腿，没几步就追上了阿洛两人。

“阿洛，他是谁？你这是要去哪儿？”拉面的脑电波传音在阿洛脑海中响起。

阿洛回头一看是拉面，高兴地一把拉住它：“拉面，你来啦！这位卡特叔叔说他的研究中心有很多新奇好玩的东西，你也跟我去看看吧，下次还可以叫上古伟他们一起去。”阿洛不容分说拉着拉面就走。

见到一只小特暴龙追赶过来，卡特整个人都吓呆了，连脸色也开始发白。

这是怎么回事？

为什么古生物研究所里会跑出来一只活生生的恐龙？

接下来的一幕再次刷新了卡特的认知，已经被忽悠得要跟自己走的小男孩，居然跟那只小恐龙抱在一起，看上去很亲密的样子。不过，卡特脑子转得很快，马上就恢复了平静。

“喂，阿洛！这小恐龙是你的宠物吗？真可爱啊！”卡特两眼放光。从古生物研究所跑出来的活恐龙，身上一定藏着什么惊天的秘密，能把它带回去交给实验室，绝对是大功一件啊！

“宠物？你才是宠物！”拉面抬起头，狠狠瞪着卡特，心里直接把他划归到最不受欢迎的生物

列表中去了。作为白垩纪大火山领地曾经的王者，拉面最讨厌别人说自己是宠物。

卡特突然被一只肉食性恐龙这么恶狠狠地盯着，而且这只恐龙还龇牙咧嘴地发出低沉的“呜呜”声，就像随时要扑过来咬他似的，顿时觉得后背一阵阵发冷，赶紧退后几步躲到阿洛身后。虽然这只小恐龙只有1米多高，但光看那浑身健硕的肌肉和满口锋利的牙齿，就知道不好惹。

“卡特叔叔，你可别乱说，拉面是我的好朋友，我们还是一起探险的伙伴呢。”卡特不知道犯了拉面的忌讳，阿洛可是一清二楚。他现在一心想去卡特的研究中心参观，所以赶紧出来打圆场。

卡特干笑了几声，不敢再多说什么。

拉面从小在危机四伏的白垩纪丛林长大，对危险的警惕性非常高，老感觉有什么不对劲儿。但见阿洛兴致极高，而古伟他们还有一段时间才能出来，闲着也是闲着，本着去看看也无妨的心态，拉面也跟着上了车。

车子在专用的高速公路上行驶了近一个小时，阿洛和拉面都有些不耐烦了。下了高速公路，车子进入一条风景优美的湖边公路继续行驶。

过了不久，车子转过一个大弯，视线豁然开朗，一个占地面积不算太大，却相当精致的现代化建筑出现在眼前。

远远看去，整座建筑就像一个被无数钢筋支柱撑起的巨大贝壳。在耀眼的阳光下，建筑物表面熠熠生辉，充满浓浓的后现代主义风格。

卡特在这一点上没有欺骗阿洛和拉面，这里的确是一个研究中心。他带着阿洛和拉面到处参观，几乎走遍了整个研究中心。在卡特任职的这家名叫三叶虫古生物科技研究中心里，的确有不少新奇的东西。根据卡特介绍，这家研究中心跟时空管理总局古生物研究所不一样，是专门研究三叠纪的生物的，并且根据三叠纪生物的特点为客户开发仿生技术。

“卡特叔叔……”阿洛刚打算开口问。卡特打断了他的话：“阿洛，你直接叫我的名字就好了。其实我刚毕业没多久，也就20多岁，叔叔这个称呼，似乎有些太老了。”卡特被阿洛一声声“叔叔”叫得眼皮直跳，实在忍不住开口纠正。

“好吧，卡特。我想知道你们研究中心为什么只研究三叠纪的生物呢？”阿洛其实从一开始就想问这个问题，毕竟限定研究方向，对于这家研究中心来说无疑会让自己变得更小众。

卡特微笑着自豪地解释：“你有所不知，我们安迪德所长本人是研究三叠纪的权威。他带领的科研小组在三叠纪研究领域里，在世界上可以说是首屈一指的，因此我们就决定专门针对这个时期来做深入研究。”

“也对……”阿洛若有所思地点着头，紧接

着又问，“不过，我看过一些书，所有的三叶虫在二叠纪末期一次大规模物种灭绝事件里就灭绝了。你们专门研究三叠纪，为什么却用古生代的三叶虫来命名呢？”

这个问题把卡特问得一脸尴尬，他犹豫了片刻才说：“其实三叶虫这个名字是我们老板起的，他非常喜欢这种神奇的动物，认为能生存3亿多年的三叶虫是地球上出现过的最完美的生物，因此不顾所有人反对用了这个名字……不过，你的古生物知识相当丰富啊，不是所有人都知道这些知识的。”卡特最后小小地表扬了阿洛一下。

拉面冷眼旁观，感觉这位年轻人待人接物滴水不漏，绝不是一个简单的人，心中更是提高了警惕。

他们边走边说，时间不知不觉过得很快。只是，在封闭的建筑物中看不到外面已是日落西山，拉面不止一次提醒阿洛早点离开，阿洛也觉得该回去了。刚要开口，在前面引路的卡特却停住了脚步。他们来到了一个与走廊之间用巨大落地玻璃分隔的实验室前。

卡特回过身来，严肃地对阿洛和拉面说："接下来看到的场景，希望你们能够保密，这是我们研究中心的核心科技，如果在完成实验前泄露，后果会非常严重。"经过一路上的观察，卡特发现，一起走的这只小特暴龙，其实具有非常高的智商，因此特别连它一起嘱咐。

这么神秘！阿洛把告辞的话立刻咽了回去，他瞪大眼睛，透过极高透明度的玻璃注视着实验室里面。拉面的好奇心也被调动起来，跟阿洛一起凑近去看。

实验室中有数张类似牙医诊所的那种多功能躺椅，几乎每张躺椅上都半躺着一个跟阿洛差不多年纪的孩子，每个人都双眼紧闭，似乎全都睡着了。椅子的旁边是比人还高的机器，伸出的透明玻璃罩子罩在那些孩子头上。一大堆管子连接着机器与头罩，流光管在上面不停闪烁着。

“这……是在做什么实验？”阿洛看到这一幕，心里莫名地有点恐惧，询问卡特的语气明显带着不安。

卡特用一种虔诚的语气说：“这几位小朋友，是我们实验的志愿者。在他们从沉睡中醒来后，将会成为有史以来第一批通过电脑技术灌输知识进入大脑，且在短时间内完成某一个或几个领域全部学习的人，并迅速成为该领域的专家。”

“啊？居然真有这样的事！”阿洛有些不敢相信。他双眼圆睁，整个人几乎贴在透明玻璃上，眼睛一眨不眨地盯着实验室里的一切。这位连做梦都想一觉醒来就能变成专家的小学生，感觉自己的心脏越跳越快，几乎要直接跳出胸腔。他嘴里不停地喃喃自语：“天哪，这可是我的梦想啊！我也想……”

卡特好像没听清楚阿洛在自言自语些什么，躬下身凑到阿洛身边问："阿洛，你说什么？我没听清……"

阿洛猛地回头，冲着近在咫尺的卡特的脸大声吼道："卡特叔叔，我要做这个实验的志愿者！"

卡特被突如其来的大吼吓了一大跳，赶紧站直身体揉了揉耳朵，面带难色地回答："阿洛，这些小朋友都是经过层层筛选的，不能随便……"

"这我不管，我已经做好了充分的准备，这个实验我必须参加！"阿洛咬牙切齿地吼出来，紧握的双拳还在胸前挥动，一副不达目的决不罢休的样子。

卡特思考了一会儿，才点了点头说："好吧，既然你这么坚持，我也刚好有那么一丁点儿权限。你跟我来办理相关手续吧，办完手续就可以开始实验了。"

光凭演技，这位年轻人就能拿金奖。别看他

表面上一副勉为其难的样子，实际上心中早已乐开了花。他不遗余力地跟阿洛搭讪、套近乎，带着他来参观研究中心，耗费如此多的精力，无非就是在等阿洛自己主动开口要求参加实验。

他的老师安迪德教授推测，实验对象的主观意愿越强烈，实验的成功率就会越高。因此，卡特才不厌其烦地循循诱导，最后让阿洛心甘情愿地落入他的圈套。

“哼！如果不是对志愿者有一定的要求，凭我卡特的能力，早就拉来几百个小孩子给安迪德老师当实验品了。”

卡特心里暗暗得意，领着阿洛朝实验室走去。

“阿洛，你疯了吗？现在已经太晚了，我们赶紧回去吧，古伟他们应该等着急了。”拉面一听阿洛要去当实验品立刻阻止，同时一口咬住阿洛的衣服，要拉他走。

虽然小特暴龙一副萌宠的模样，但阅历可比

阿洛丰富得多。特别是在阿洛主动要求去参加实验的时候，拉面就看到卡特玻璃镜片后的眼神，透露着一种阴谋得逞的意味。

可惜这时候的阿洛什么都听不进去，他没理会拉面的劝说，一心只想着尽快参加实验。在他心里，没有比能快速直接地成为古生物学家更重要的事了。

“拉面，你放开我！为了能跟古伟和阿虎，还有你和蟠猫几个一起穿梭时空去史前探险，我必须尽快提升我的古生物知识水平，不能总是拖你们的后腿！”阿洛用力甩动手臂，试图挣脱拉面大嘴的拉拽，连手臂被特暴龙锋利的香蕉形大牙刺疼都不顾。拉面怕继续拉扯会伤了阿洛，只好无奈地松开嘴，眼睁睁看着阿洛跟着卡特走进了实验室。

“真是个笨蛋！这个实验肯定有问题。我在丛林的腥风血雨中打拼了 8 年，经历多少生死一线

的危险，才勉强算是个生存专家。阿洛太容易冲动了……不行！无论如何我得跟着他，根据情况找机会再通知古伟他们吧。”拉面暗自叹了口气，甩了甩大脑袋，跟在阿洛后面也跑了进去，至于是否有危险也管不了那么多了。

卡特亲自给阿洛套上玻璃头罩，把众多线路连接妥当后，打开了机器开关，屏幕上各种数据开始不停跳动。可不久之后，原本随意地看着监测屏幕的卡特突然脸色大变，他瞪大了眼睛，鼻子几乎贴在了屏幕上，目瞪口呆地注视着屏幕上不停跳动的信息。

满心担忧的拉面守护在被注射了药物、已经进入深度睡眠状态的阿洛身边。它阻止不了阿洛的决定，只好守在他身边。对于卡特的一举一动，拉面始终保持着高度的警惕，以免阿洛继续受到伤害。尽管拉面智商很高，但人类的文字对它来说依然像天书，已经超出了它的理解能力。因此卡特在屏幕上看到了什么，拉面是一头雾水，它只能根据卡特的举动来判断他的动机。

在逐字逐句仔细看完所有信息后，卡特才站直身体，摘下眼镜，揉了揉发酸的双眼。他边擦拭眼镜，边微微转动眼球，眼角余光从躺椅上沉睡的阿洛，以及紧紧守护在他身边的小特暴龙身上扫过。他嘴角上扬，脸上浮现出一抹诡异的笑容。

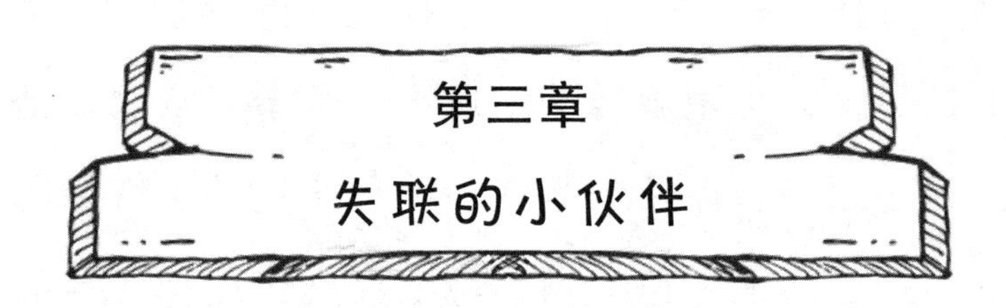

第三章 失联的小伙伴

“不是让阿洛别走太远吗？怎么现在连个人影都不见了！还有拉面也是，一玩儿起来就什么都忘了……”阿虎气呼呼地抱怨。

古伟、阿虎和蟠猫三人站在时空管理总局门口已经有好一阵子了，眼看天色已经不早，但阿洛和拉面却依然不见踪影。

“视频通信联系不上，短信息没有回应，辅助定位功能也被限制，阿洛和拉面两个究竟跑哪儿去了？还有什么别的办法能联系到他们呢？”古伟皱着眉说。

他感觉情况有些不对劲，阿洛就算贪玩，可也不是不分轻重的人，否则自己也不会费心费力去培养他。虽然拉面存在跟古伟和阿虎一样的情况，思维方式也随着身体年龄发生了改变，但像现在这样玩到忘记时间，还是从来没有过的。

“可能真出什么事了，必须马上想办法找到他们！”古伟跟阿虎对视了一眼，两人不约而同一起看向蟠猫。

恐龙人蟠猫当然看得懂两个小伙伴求助的眼神，可她也不是万能的。蟠猫大眼睛往上翻了翻，无奈地双手一摊说：“看我也没用，我跟拉面的脑电波联系虽然比你们强，但有效距离是多少你们很清楚。现在连它的影子都看不到，怎么沟通？脑电波又不是无线电，能通过卫星接力传送克服地球曲面……”不得不承认，蟠猫的学习能力真

是超强，虽然来到现代社会时间不长，但很多知识比同龄人了解得都要多。

天色渐渐暗了下来，路灯陆续亮起来。古伟他们在附近找遍了也没发现阿洛和拉面的踪影，只好回到时空管理总局。阿虎找到汉源部长简短汇报了情况，得到批准后，几个人直奔监测大厅，去“天眼”察看有没有什么线索。

“天眼”系统是城市安全监控体系的重要组成部分，由所有街道上的公共视频镜头、24 小时不间断在空中执勤的空警无人机，以及近地遥感卫星等组成，能全时段监控城市内发生的一举一动，社会的正常秩序与安宁提供有力保障。

时空管理总局管辖的范围是其他时空，理论上并没有权限对现代社会进行监控和管理。不过因为同属执法部门，而且有不少案件并非只发生在某一个特定时空，而是在不同时空穿梭的，因此，时空管理总局需要与公安部门共同协调工作。经过授权，时空管理总局也可以调用和察看“天眼”系统。

监测大厅中间巨大的屏幕，被划分为无数个视频窗口，工作人员正在有条不紊地查看着。大屏幕中部专门调出了一个视屏窗口，回放古生物研究所门前发生的事情。

3个小伙伴聚精会神地看着屏幕，从阿洛百无聊赖地到处乱晃，到他在杨先生雕像前遇到眼镜男，再到拉面出现并与他们一起上车离开，全部都看得一清二楚。紧接着，在监控操作员的帮助下，镜头不停切换，一直追踪着那辆车的行驶路线，直到它驶入了景色优美的湖畔公路。再要继续追踪，却发现视频一片模糊，似乎大湖那一带的监控被刻意干扰了。

“怎么会这样？那里是军事禁区吗？”阿虎皱着眉问监控操作员。

监控操作员迅速调出资料，查看后回答："是的，阿虎队长，请看大屏幕右上角的资讯列表。"虽然现在阿虎是一个小孩子的模样，但监控操作员还是习惯称呼他为队长。

"在大湖区一带，环湖有 17 家各类研究所和实验室，其中有两家军方研究所，4 家军方实验室，剩下的也有不少在进行一些绝密级的研究和实验。因此大湖区一带的监控都是被屏蔽的，他们有自己独立的监控系统。"监控操作员继续说道。

阿洛和拉面这俩家伙可真能折腾，居然跑到这种地方去了！3 个小伙伴面面相觑，不知道该怎么办。这毕竟牵涉军事单位，查起来会比较麻烦。

阿虎低头想了想，指示操作员把画面倒回阿洛刚刚遇到眼镜男的地方。他指着画面中的眼镜男说："把这个戴眼镜的男人单独抽出来，面部

放大，扫描三维特征脸谱，然后放入数据库比对，看看能不能查到这个人的详细资料。”

结果很快就出来了，这个人的资料迅速显示在屏幕上，操作员边看边挑出重要的资料进行汇报：“这人叫卡特，是研究计算机和生物工程的，目前在三叶虫古生物科技研究中心任助理研究员，他的老师安迪德教授是这家研究中心的所长。资料显示，这家研究中心的创立者和幕后金主是柯伦……”

“柯伦？就是那个排在世界富豪榜前三的柯伦？”古伟有点惊讶。他早就听说这位柯伦先生热衷于支持科学研究，总是不遗余力地资助科研项目。没想到这个三叶虫古生物科技研究中心，居然也和这位柯伦先生有关。

操作员指着屏幕上的人物资料说：“是的，就是那位柯伦先生。另外我刚刚也调查了阿洛和拉面登上的那辆车，资料显示这辆车属于三叶虫古生物科技研究中心……”

目前所有线索都指向了这家研究中心，这么看来阿洛和拉面十有八九就在那里。

“安迪德教授这个人我听说过，据说此人正在攻关一个极其重要的科研项目。假如该项目能成功，将是人类学习方式的一次革命，不过具体是什么就不得而知了。嗯，我记得当时跟他一起工作的克里教授，专门研究三叠纪时期的古生物，在这个领域内算得上是权威人物。只不过后来他似乎有点走火入魔，提出的观点太过惊世骇俗，受到很多人的批评，已经有很长一段时间没见到他发表文章了……”古伟本身就是资深的业内人士，对这些行内逸事如数家珍，“这两位学者的人品和口碑都不怎么样，过于重名重利，阿洛和拉面怎么会跟这样的人扯上关系呢？”

蟠猫这时候说话了：“我们马上动身去这家研究中心看看，只要拉面在里头，我就能跟它取得

联系。”

阿虎接着说：“对，无论他们的目的是什么，我们最好尽快先把阿洛和拉面找回来，否则真不知会发生什么事情呢。”

事不宜迟，3 个小伙伴正要召集人马出发。这时候监测大厅的门被打开，汉源部长和他的助手走了进来。

汉源部长神情严峻，一来就把古伟等人叫到了小会议室，他接下来要通告的内容暂时还需保密，不适合让更多人知道。汉源部长在赶来的路上就已经了解并跟进了整个事件，所掌握的具体情况与监控大厅是同步的。在了解了事情的经过后，他立刻和公安部门取得联系并调取了情报，却发现情况远远比他们了解的更加复杂，所以赶过来告诉古伟他们。

“古伟、阿虎、蟠猫，我知道你们想尽快把

阿洛和拉面找回来，但是根据我们刚刚掌握的情况，这件事并不像你们想得那么简单，看看这些资料……”汉源部长一改平时的温和亲切，用非常严肃的语气说道。

在他的示意下，助手把手里一个名片大小的金属片放在桌面中间，小会议室灯光转暗，金属片随即投射出一个AR技术处理的影像，各种视频文件和文字资料浮现在空中。

助手一边点击打开各种文件，一边详细跟古伟三人解说，清脆的声音在小会议室中回响。他所说的内容让古伟三人听得遍体生寒，心里既着急又担心，阿洛和拉面这哪是被骗失联，根本就是误闯龙潭虎穴啊。

原来，汉源部长在路上正准备联系公安部门，公安部副部长的电话就打了进来。公安部刚刚接到国际刑警组织发来的信息，内容是关于一个跨国旧案的最新情报，而在资料中重点提及的人物和地点，就是刚刚在监测大厅被提起的柯伦、安迪德、克里，以及三叶虫古生物科技研究中心。

小会议室内，几个人都一言不发，连助手也停下了解说，大家看着显示出来的资料：从几十年前就开始陆续发生的人口失踪案件，到严重违反人伦道德的言论和禁忌的实验，桩桩件件都指向了柯伦等人。

可这些人做事滴水不漏，尽管执法部门一直在努力，却没有任何清晰的线索和证据能指控他们。最近，又接连发生了数起青少年失踪案，国际刑警组织通过各种科技手段，寻找到了蛛丝马迹，并把早已断了的线索重新连接上。

就在刚刚，国际刑警组织的技术部门通过最先进的科技侦查手段，成功拦截一小段加密的语音对话。破译后发现，这些人正在图谋的事情绝不简单。有感事态严重，又牵涉时空犯罪，国际刑警组织请求 ATS 协助时空执法行动，因此紧急通报给了时空管理总局的领导层，特别是汉源部长。

汉源部长低头想了想，对古伟三人说道："我之前也觉得这个三叶虫古生物科技研究中心有点耳熟，后来回想起来，这家研究中心曾经在很短的时间内连续申请了多个有关三叠纪古生物的科研项目，当时给我的印象非常深刻。总局审核时发现，这个研究中心申报的项目都跟三叠纪生物的基因有关，有不少项目明显是需要捕捉活体才能进行的，这么大规模捕捉古生物肯定是不行的，于是就统统驳回了。"

汉源部长稍微停顿了一下，手指在桌子上方的视频画面上划动，调取出一个人的影像，指着那人继续说："最离谱的是还有一份申请，居然要求在三叠纪设立实验基地，理由是在当地设立实验基地，能避免古生物在运输中遭受二次伤害。这份申请，正是由三叶虫古生物科技研究中心的

实际拥有者柯伦提交的。”

3个小伙伴对这个“奇思妙想”感到又好气又好笑。古伟摇着头说：“这个柯伦还真敢想，连时空管理总局都没有在任何史前时代设立人工建筑，他居然申请要到三叠纪去建实验基地！”

“你们别笑，这人很聪明，他这是在试探我们的底线呢。”汉源部长一语道破柯伦的图谋，“此人交友广泛，有一定的社会影响，在科学界也素有声望，因此就算总局驳回了他的申请也不能把他怎么样。不过，从此却开了一个很坏的头，之前从未有谁提交过这样的申请报告，而在柯伦做了‘第一个吃螃蟹的人’后，总局已经接到过不少类似的申请了。可以说此人真的一点儿都不简单。”

小会议室陷入了短暂的沉默，后来还是古伟先开了口：“汉源部长，这么说来阿洛和拉面这次被骗过去，十有八九不是一个孤立的事件，很可能只是他们一系列动作中的一个环节而已。只是现在他们两个已经身处险地，我们得赶紧想办法把他们救出来，天知道这些人会把他们俩怎么样呢！”

“肯定要想办法，只是现在我们实在不宜大举出动，否则就会打草惊蛇。如果他们产生了警觉，再想抓到罪证就很难了，所以必须想个两全其美的办法。”汉源部长说得也是实情，他要站在更高的位置去全盘考虑，而不是只针对某个单一的事件。

国际刑警组织投入了大量人力、物力侦查，假如现在惊动了这些人，说不定会把证据破坏得一干二净，那所有的努力就前功尽弃了。

这时候，沉默良久的阿虎插嘴道：“要不这样吧，我和古伟、蟠猫三人以寻找同学的名义，进入三叶虫古生物科技研究中心。那里的人知道诱骗来的人已经被其他人发觉，并找了过来，一

定会为了掩饰图谋而放人，随便编一个借口让我们带着人尽快离开。我们进去的同时，带上隐秘摄像头和录音设备，正好也可以帮你们搜集一些证据。”

古伟和蟠猫都点点头，觉得阿虎这个行动计划可行。汉源部长考虑了一下，觉得暂时也没有更好的办法，只好同意了阿虎的计划。

做好一切准备工作，3 个小伙伴坐上无人驾驶计程车就往大湖畔的三叶虫古生物科技研究中心赶去。一路上计程车开得飞快，3 个小伙伴生怕去晚了阿洛和拉面会发生什么危险。

汉源部长在总局腾出了一间小监控室，调集了几名得力助手，专门负责与古伟他们联系。屏幕上，古伟几人的车一路飞奔，一直与总局保持密切联系，但在车辆绕过草地上一块刻有“三叶虫古生物科技研究中心”的大石头后，总部与古伟等人的联系就断了。大湖区一带的屏蔽设备还真是厉害。

汉源部长有点儿不放心，赶紧指挥助手调试，希望可以恢复与古伟三人的联系。这时，对外联络官火急火燎地推门走了进来，递给汉源部长一只小小的耳机型存储器，说道："部长，这是国际刑警组织紧急发送过来的破译后的最新语音。"汉源部长疑惑地看了对外联络官一眼，接过耳机戴上，仔细收听里面的内容。

"糟了！"汉源部长脸色大变，他几步奔到负责调试的助手背后，大喊道，"立刻想尽一切办法联系古伟他们，把他们叫回来，快！"

然而无论他们怎么努力调试，始终没办法跟古伟他们联系上。

汉源部长心急如焚，嘴里喃喃自语："真是没想到，那些人居然从阿洛的记忆片段中得知了古伟他们的真实身份，这下可遇到大麻烦了！"

“嗯？不过……慢着！”汉源部长毕竟身经百战，各种意外情况见得多了。他很快就镇定下来，并且立刻调整了思路，继续说，“既然柯伦在搞‘永葆青春’的实验，他们三个正好就是送上门的最好礼物，按道理不存在人身危险。以阿虎的能力、古伟的智慧，再加上蟠猫的身手，柯伦的人应该也不能把他们怎么样。现在正好顺势而为，我们只要随时做好行动的准备，看准时机出击就好。”说到这里，汉源部长放下心来，嘴角露出意味深长的微笑。

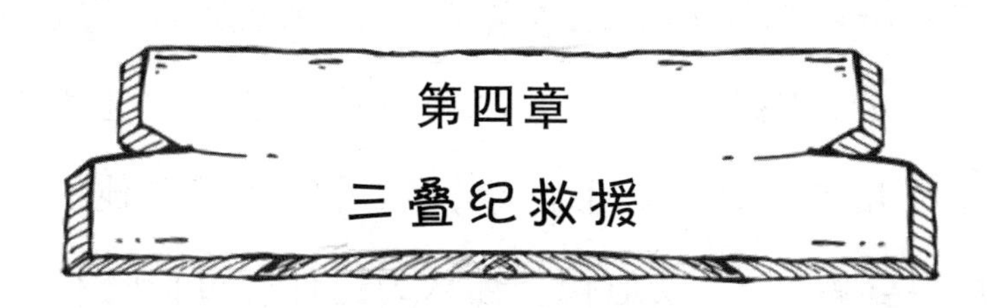

第四章 三叠纪救援

“柯伦先生、老师，有个紧急的事情向你们报告……”

卡特有关阿洛记忆片段的报告内容，在通话结束后依然回响在柯伦的脑海中。那个小孩子居然认识两个从30多岁变成12岁的人？这个信息实在太让人震惊了，无论是见多识广的超级富豪柯伦，还是学识渊博的科学家安迪德教授，都觉得难以置信。

为了保持活力，80 多岁的柯伦每天坚持锻炼身体，体魄非常强健。可就算是拥有依然强有力的心脏，此刻的柯伦仍然难以抑制这份狂喜引发的心脏剧烈跳动。他太兴奋了，导致脑部有些供血不足，眼前阵阵发黑，险些晕厥过去。他用力深吸几口气，稳定下情绪，然后转头看向他的首席科学顾问：“安迪德，你认为这件事可信吗？”

安迪德教授虽然利欲熏心，但毕竟是科学家，对超自然的事件也不敢随便下结论，只好回答：“暂时还不好判断，不过卡特是我最好的学生，我相信他的话。最好能把这两个小孩子带到三叠纪来，我仔细研究一下。”

安迪德停顿了一下，紧接着说：“假如这是真的，那柯伦先生的‘青春计划’就可以稍微调整一下了，难道返老还童还不如永葆青春好吗？”

安迪德明显是想通过这个来打压日渐嚣张的克里，他一旦研究成功，克里所谓的“青春计划”

就变成了笑话。不过这话正中柯伦下怀，他已经80多岁了，对童年的怀念比普通成年人更强烈，能再变回小孩子，是多么美好的事情啊！这就是为什么柯伦先生在这次视察结束后，还继续留在三叠纪实验基地的原因。

按照以往的惯例，他每次来视察工作，都是来去匆匆。他的说法是，三叠纪没有什么好看的风景，动物也不如其他年代的特别，因此不值得久留。

确实，三叠纪的植物多样性，比现代甚至比它晚一个历史时期的侏罗纪都要差一些。尽管研究所所处的三叠纪晚期，裸子植物已经开始大量繁盛，但还是比不上侏罗纪的林地郁郁葱葱。除了近处有一些连成片的森林，实验基地更远处的林子就稀疏得多了，东一块西一块，很多地方没有植被，地表就这么裸露着，令人看了脑子里会不由自主冒出两个字——荒芜。

至于动物就更不用说了，侏罗纪巨型恐龙横行，白垩纪的恐龙更是种类繁多，而三叠纪还处在恐龙的黎明时期。在只看热闹的外行人眼里，有特点的动物自然不多。

二叠纪晚期的大灭绝事件使地球上约90%的物种都灭绝了，直到三叠纪中期地球才逐渐恢复元气。三叠纪中晚期，已不像早期那样物种稀少了，多样性开始呈现，出现了许多“第一”，如第一只乌龟、第一只能飞的翼龙、第一只真正的恐龙、第一只鱼龙等；甚至第一只哺乳动物，也有可能是在三叠纪晚期出现的。

当然，在柯伦这样具有丰富多彩人生的超级富豪眼里，这实在算不上什么。

“行了，我已经叫卡特把那个小孩子带到这里来了，应该已经到了吧。你仔细研究一下看看，至于要怎么研究，你自己看着办好了，别给我惹什么麻烦就行。嗯，我约了健身教练，要去锻炼了……”说着，柯伦站起身来。

走了几步，柯伦回过身，严肃郑重地交代：“安迪德教授，我必须再次提醒你，请务必珍惜我们的实验资源。多年来我们用各种手段弄实验品这件事，已经引起了国际刑警组织的察觉。现在为了加快进度和提高成功率，选择从小孩子下手，只会令我们风险更大，必须要尽快完成实验，这样我才能有足够的筹码，否则你我都不会有好下场。”

说完，柯伦也不管安迪德一阵红一阵白的脸色，“哼”了一声，转身离开。

“叮咚——”语音连线请求的提示音响起，卡特的脸在屏幕上显得非常急切。

语音刚接通，卡特因激动而略显变声的嗓音立刻传了过来：“老师，那两个从 30 多岁变成 12 岁的人来到了我们研究中心！”

“什么？你再说一次！”都快走到门口的柯

伦很快折了回来，动作敏捷得一点都不像80多岁的人。

卡特强压住心中的激动，理了理思路说道："是这样的，刚刚有3个小孩子找上门来，说他们的朋友阿洛和一只小恐龙来我们研究中心玩，现在要来接他们走。我发现其中两个男孩的样貌特征跟阿洛记忆中变小的两人非常吻合，于是就借故离开去核对了一下，果然就是他们俩。而且跟他们一起来的女孩子外貌很奇特，估计也是有很大问题，所以立刻就来报告。我现在应该怎么做？是否立刻把他们扣留下来？"

"立刻！马上！第一时间把他们送到三叠纪研究中心来！快！"柯伦激动万分。他正千方百计想办法要去证实真伪，结果那两个人自己送上门了，真是得来全不费工夫！

安迪德心中也窃喜不已，看来这事的真实性是板上钉钉了。不过他还是敏锐地意识到了风险，赶紧提醒老板："柯伦先生，我们刚刚把那个小孩子阿洛运到了三叠纪，这么短时间内再次使用虫洞，可能会引起时空管理总局的注意，对我们的安全不利。要不先让卡特把他们扣留下来，明天再安排让他们随物资补给的货运车一起过来如何？"

"不行！我不想浪费时间，必须马上把他们弄过来！不用去理会什么时空管理总局，等我掌握了……"柯伦现在满脑子都是如何得到返老还童的秘密，其他的都已不再关心。

安迪德看着陷入狂热状态的老板，心里暗自嘀咕：唉，疯了。返老还童的秘密哪那么容易得到，如果真那么容易，时空管理总局的人早就得手了，还轮得到咱们？

他这么想也不能说是错的。时空管理总局也想搞清楚其中的秘密，只不过目的不同，时空管理总局是为了让古伟、阿虎和拉面恢复正常而已。

“蟠猫，你怎么了？能跟拉面建立联系吗？”古伟小声问坐在身边的蟠猫。

他们三人进入三叶虫古生物科技研究中心后，那个在监控中出现过的戴眼镜的年轻人只过来说了几句话，然后就说去叫阿洛和拉面，接着就再也不见冒头了。

三人也不寂寞。接待室中几个方位都站着身材魁梧的安保人员，不知道是为了保护他们三个的人身安全，还是有什么其他目的，反正个个满脸警惕，眼睛一眨不眨紧盯着古伟等人，好像生怕他们突然消失了似的。

在数道锐利目光的注视下，古伟和阿虎倒是泰然自若，他们俩什么风浪没见过？这里是龙潭虎穴，他们来之前就知道了，并做好了心理准备。只是蟠猫从进入研究中心后一直默不作声，连古伟和阿虎跟她说话也不回应，这令他们很担心。

这时候，站在门口的安保队长手按耳机，看

上去像是在接收指令。

"大家小心，他们要动手了。"蟠猫突然说话了。

她声音压得很低，只有古伟和阿虎两人能听到。蟠猫的听力系统比普通人发达很多，肯定是听到了些什么。

果然，安保队长边听边挥手示意，四周的安保人员立刻围了上来，要动手把几个小孩控制住。

古伟几人当然不会束手就擒，仗着人小灵活抢先出手。没等几个安保人员靠近，古伟和阿虎突然跳起身，一把抓过沙发上的靠背扔了过去。沙发靠背刚出手，古伟和阿虎又把茶几上放着的一些杯具碟盘也顺手丢了过去。几个安保人员被这突然袭击搞懵了。他们哪能想到 3 个小孩子居然这么迅速，还懂得先下手为强，被各种东西砸得晕头转向，只好向旁边躲开。

三人中身体素质最强的蟠猫则完全不理会其

他几个小喽啰，她的目标是门口的安保队长。她两手抓起面前沉重的玻璃茶几，抢前几步跟古伟和阿虎拉开距离，顺势把茶几向安保队长甩过去。这茶几有几十斤重，被砸中的话怎么也得受重伤。

保安队长眼看着茶几带着唬人的风声朝自己飞来，吓得目瞪口呆。好在他还算机灵，赶紧向侧面闪去，连滚带爬地躲到了一边。

玻璃茶几轰的一声巨响砸在接待室大门上。木制的大门显然承受不住茶几的撞击，直接就被撞得歪到了一边。蟠猫的目的就是打开这个空当，得手后她立刻招呼一声，三人用最快的速度一下子突破了包围圈，冲出了接待室。

出了接待室，三人没有往外面跑，而是转身跑向研究中心的深处。原因很简单，小伙伴阿洛和拉面还没找到，他们不能就这样离开。而且，对方肯定以为他们会往外跑，进而去外围追堵，谁能想到他们偏偏没有这样做。

研究中心占地面积很广，要找到3个小孩子难度可不小。古伟三人飞快地沿着各个走廊奔跑，身影迅速消失在像迷宫一样的研究中心。

他们左拐右拐，在确认已经摆脱了安保人员的追踪后，稍作休息，商议接下来的行动。

“我从进入研究中心后就试图跟拉面建立联系，不过一直没有它的回应，也许它和阿洛已经被转移了。”蟠猫调整了一下呼吸，然后把自己掌握的情况告诉了小伙伴们。

这就麻烦了，阿洛和拉面会被弄到哪儿去呢？

古伟眉头紧皱，分析道：“这样看来，阿洛和拉面要么就是被转移到另外的隐秘地点，要么就是已经不在这个时空了。根据汉源部长的说法，这些人原本打算在三叠纪建立实验基地。虽然他们的申请被时空管理总局驳回，但不排除他们会违法自建，毕竟总局要管理的事情太多，不一定能监管到每一个违法事件。”

“没错。如果时空管理总局真有能力监管到所有违法事件，也就没我们ATS什么事了。关键是我们要怎么确定他们俩被弄到哪儿去了呢？过了这么长时间，也不知道他们俩现在怎么样了。对了，你们有没有发现，自从进入研究中心后，我们就和总局失去了联系？”阿虎对古伟的分析表示认同，他现在最担心的就是两个小伙伴的安全。

见古伟和蟠猫都点头，阿虎知道信号一定是被屏蔽了。看来总局那边暂时指望不上了，还是要靠他们自己。

当务之急，是要尽快确定阿洛和拉面究竟在哪儿，而要做到这一点，只能通过这里的人。

古伟和阿虎看到蟠猫正仰头看着天花板，就顺着她的目光看去，目光焦点所在是一个正方形的格栅，那是空调系统的通风口。

“好主意！我们身材小，就顺着通风管道爬回刚才那里，看看能否听到那些人说话，也许会找到线索。”古伟和阿虎眼睛同时一亮，心里都佩服蟠猫脑子转得快。

说干就干，三人立刻想办法进入通风管道。通风管道里倒是干净，而且三人都是小孩子体型，一点儿不觉得挤。凭借蟠猫特殊的感知能力和对方向的把控，没花太多时间他们就来到了接待室的上方。

说来也巧，三人刚在上头藏好，就看到那位接待过他们的名叫卡特的年轻人急匆匆走进了接待室。看到一地狼藉，大门还歪在一旁，卡特气得暴跳如雷，把那几个安保人员骂了个狗血淋头。

“看你们一个个人高马大，居然连 3 个小孩子都看不住！要你们有什么用！”卡特越说越气，一脚把地上的一个沙发靠背踢飞。

骂了好一会儿，卡特渐渐平静下来。他大喘

几口气，平复一下心情，大声吩咐道："我刚刚看了监控，这3个小孩子没有跑出研究中心。马上安排所有人，搜遍每一个角落，务必把他们找出来。我本来打算立刻运送他们去三叠纪实验基地的，现在应该来不及了……不过这样也好，刚刚才把阿洛和那只小恐龙运过去，如果再开启虫洞会引起不必要的关注……这样，你们立刻安排好明天的物资运送车辆，抓住他们后严密看管起来。明天一早，把他们装上运输车送到三叠纪去。记住，这次不容有失！"

古伟、阿虎、蟠猫三人相视一笑，没想到这位卡特先生把所有他们想知道的一股脑儿都说出来了。

原来阿洛和拉面已经被运到了三叠纪，难怪在这里找不到他们。要把他们营救出来，唯一的办法就是去三叠纪。

古伟他们悄悄按原路返回到之前的藏身处，

抓紧时间商量对策。阿虎首先提议：“他们既然要运送物资去三叠纪基地，无论有没有抓住我们，他们都是要去的。我们找机会去虫洞大厅，先躲进运输车，这样就可以去到三叠纪基地，然后再想办法营救阿洛和拉面。”

古伟和蟠猫仔细想了想，认为这个计划可行。至于时空管理总局那边，唯有期望身上的监测器材没有全部被屏蔽掉，总局可以继续追踪过来接应。

定好计划，3 个小伙伴稍作休息后，准备动身，毕竟时间还是很紧迫的。

动身前，古伟想想笑了起来，说：“阿洛和拉面倒是比我还要更早去三叠纪啊，这下够他们得意一下了。”古伟的研究方向主要是侏罗纪和白垩纪的恐龙物种，三叠纪作为恐龙的起源年代，他一直很想找机会去实地考察。没想到这次三叠纪之行，却是托了阿洛和拉面被绑架的“福”，想想也是哭笑不得。

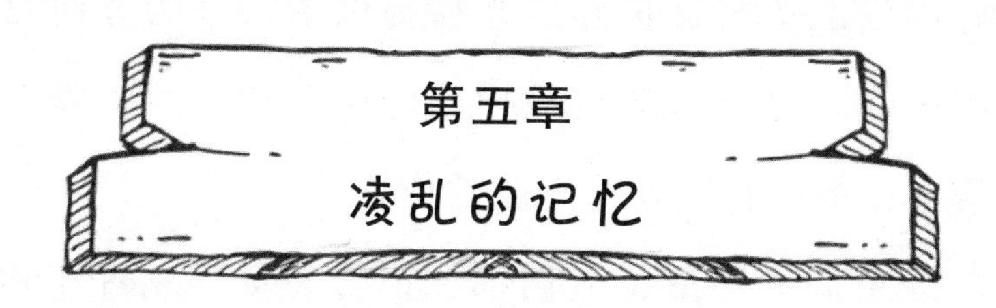

第五章 凌乱的记忆

三叶虫古生物科技研究中心整晚灯火通明，把整个建筑物里里外外照得清清楚楚。研究中心所有人都没能休息，闹哄哄地折腾了一个晚上，几乎把偌大的研究中心翻了个底朝天，可愣是没发现 3 个小孩子的踪影。卡特气得七窍生烟，却又无可奈何。他都开始怀疑这 3 个小孩子除了能返老还童，是不是还有隐身的能力。

不过还得继续找，不然大老板那边不好交代。

运输物资的车辆，也要按时出发，可不敢拖延。

运送补给物资是重要的工作，工作人员在虫洞大厅通宵搬运物资，以期赶在预定的时间前做好出发准备。这正好给蟠猫提供了很好的方向指引。只要循着搬运机械操作的声音和人声喧哗的方向，就能找到运输车队的位置。

虫洞大厅里，人们都在忙着装货。凭古伟几人的本事，要找机会躲过装卸工人，溜进一辆车内藏起来，还真不算是一件特别难办的事情。

第二天早上 8 点，8 辆装满了各种物资的载重型运输车准时出发。三叶虫古生物科技研究中心的人都没有想到，他们耗费了一晚上遍寻不着的 3 个“小逃犯”，正躲在其中一辆车的车厢里，跟随车队向三叠纪进发。

能如此神不知鬼不觉地藏进车里，基本上都是蟠猫的功劳。恐龙人的感知器官发达，无论视觉、听觉和嗅觉，都比人类灵敏几倍，凭借着这些优势，蟠猫带领古伟和阿虎在研究中心庞大的建筑物中穿梭，躲避着各路人马的搜寻。

至于到了三叠纪后，要如何神不知鬼不觉地从运输车里出来，再找机会营救阿洛和拉面，那就是另一回事了。反正到时候总会有办法的。

开启虫洞，穿梭时空，这一套流程对古伟他们来说早已是家常便饭。只是这次穿过虫洞来到三叠纪后，他们却感到大地在颤抖，发生了什么事情吗？

轰隆隆的震动越来越猛烈，运输车队的工作人员乱作一团。车厢门打开后却根本没人来卸货。一群人只顾着大呼小叫，四处乱跑。这可是天赐良机，古伟三人连忙趁乱溜出了车厢，藏在一堆货物后面。

古伟几人刚刚躲好，令人瞠目结舌的一幕就出现了。

只见一大群动物往虫洞大厅的方向冲了过来，穿过大厅往另一个方向狂奔而去。动物群里恐龙占了大多数，有身长近10米、体重超过2吨的庞大的植食性恐龙板龙和卡米洛特龙；也有孔武有力、一嘴恐怖大牙令人见之胆寒的肉食性恐龙恶魔龙和理理恩龙；而占大多数的，则是个头偏小但行动敏捷的恐龙，如南十字龙、埃雷拉龙和始盗龙；其中还夹杂着令人生畏的奇特物种，比如跑起来飞快的迅猛鳄。众多动物一路上横冲直撞，肆意破坏，对胆敢阻挡它们前进的一切物品，不管三七二十一统统直接撞飞，所向披靡。

“古伟、阿虎，我感应到拉面了……”蟠猫刚说了个开头，就一把拉住身边的古伟，指着前方的动物群喊道，“喂，你们快看，骑在那只大恐龙上的不就是阿洛吗？”

蟠猫眼尖，一下子就看到混乱的动物群中，一只体形庞大的恐龙背上坐着一个小孩——正是阿洛。

拉面在附近，阿洛也现了身，没想到这次三叠纪寻人之旅倒是很顺利，一来就全碰到了。

“古伟你们来啦？我在这里呢！”拉面的脑电波信息在 3 个小伙伴脑海中同时响起。

果然，恐龙群中很快就出现了小特暴龙拉面的身影。虽然恐龙们挤作一团乱哄哄地狂奔，拉面的个头也不大，但几人跟它朝夕相处，实在太熟悉了，再加上特暴龙独有的鲜艳长羽，这种晚期高度特化的特征太明显了，在三叠纪早期恐龙的群体中一眼就能被认出来。

“我还要跟着阿洛，暂时先不过来了，不然肯定出事。阿洛这小子经过一个什么实验后脑子似乎出了问题，除了自己的名字，有时候连我都不认得。我跟他提起你们，他居然一个都没想起来……”拉面边跟古伟他们交流边混在滚滚向前的动物群中，紧紧跟在阿洛身边向前奔去。

阿洛稳稳地趴伏在一只雷前龙背上，双手牢牢抱着这只早期蜥脚类恐龙粗壮的脖子。雷前龙是目前已知最古老的蜥脚类恐龙，身长能达到10米，体重接近2吨。虽然不能跟它在中生代中晚期那些动辄身长二三十米、体重十几二十吨的后辈相提并论，但在三叠纪恐龙诞生的初期，这种块头已经足以称作庞然大物了。

雷前龙是四足行走的植食性恐龙，身体大致特征跟我们熟悉的雷龙类相似，都是长脖子长尾巴。只不过雷前龙还远远没有后辈那么特化，脖子和尾巴与身体的比例远不如雷龙和梁龙那么夸张。

与其他早期生物相比，雷前龙的前肢不但比后肢更大，而且也更宽更厚，可以支撑很大的重量。最特别的地方是，它前肢上的拇指很灵活，能做出抓握东西的动作，而这个特征到了

它的后辈就没有了。它后辈的前肢除了用来支撑体重，就没有其他特别的用途了。

阿洛似乎也听到有人喊他的名字。他在雷前龙身上支起身子四处张望，目光从古伟三人脸上扫过，却仅仅只流露出惊讶的表情，一点儿没有伙伴重逢的喜悦。随即他就重新俯下身体，随着雷前龙大步前行远去。

大大小小的动物一边奔跑一边吼叫，各种不同的声音在虫洞大厅中回荡，地面也跟着颤动起来。

动物群大部队已经过去，后面的动物开始疏落起来，声威也远不如之前雄壮。一开始被弄懵的工作人员，也已经反应过来，纷纷往虫洞大厅赶来。

时机稍纵即逝，古伟他们必须当机立断，是继续躲藏还是紧跟着动物群突围？

“走，我们跟上去，不管怎样，先跟阿洛和

拉面会合了再说。”眼看阿洛和拉面跟着雷前龙远去，古伟迅速做出决定，拔腿就要跟着动物群往前跑。

阿虎眼明手快一把拉住他：“来这边！”说着拽着古伟往旁边跑去。

古伟一看也不禁笑了起来，那边停放着几辆小型自动电能越野车。这的确是跟随动物群前进的好工具，比两条腿不知强多少倍。

越野车没有密闭车厢，几根弯曲成型的钢管经过焊接，构成了一个笼子形状的车架子。四个宽大的轮子通过悬挂装置连接在车架上，一看就是专门跑全地形的，正好适合现在的场合。古伟等人上了越野车，紧跟着渐渐远去的动物群呼啸而去。

狂暴的动物洪流横穿整个巨大的建筑物，只顾向前，撞开了研究所的大门，冲垮了外围的防护栏杆。途中不知破坏了多少实验室，一路向着旷野狂奔，很快就远离了实验基地，投入三叠纪的广袤大地。

动物群跑累了，锐气逐渐消失，越跑越慢，很快各种大小动物就分散开来，各自回归自己的生活。

古伟几人的车在后面，盯着那只驮着阿洛的雷前龙直追。

现在，阿洛已经从雷前龙背上下来了，跟拉面站在一起似乎在交流些什么，而他的“坐骑”此刻正跟另外几只雷前龙在一起，低头“扫荡”着地表的蕨类植物。它们急速狂奔了这么远的路程，早已疲惫不堪，需要赶紧进食补充能量。

“阿洛，拉面，你们还好吧？”古伟一跳下车就冲上前，一把拉住阿洛的手臂关切地问道。

谁知阿洛用力甩开古伟的手，退后几步，警惕地盯着古伟和他身后快步上前的阿虎和蟠猫，问道："你们是谁？怎么会知道我的名字？你们专门从实验基地追过来，是不是那个什么教授派你们来抓我回去的？"

似乎受到阿洛情绪的影响，他身后那几只雷前龙纷纷抬起架在粗长脖子上的小脑袋，不太友好地盯着阿洛跟前的几个人。

没想到这几只雷前龙跟阿洛私交这么好。

小特暴龙拉面一步跳上前，隔在古伟和阿洛两人中间。脑电波交流的声音同时在小伙伴们脑海中响起："阿洛，你面前的3个人都是你最好的朋友，你要好好整理一下记忆片段，努力回想起你的经历来。古伟，自从阿洛接受了实验后，记忆到现在还是混乱的，给他点时间恢复吧。"

没想到阿洛这么大大咧咧的人，居然会有失去记忆的一天。

阿洛听了拉面的话，原本警惕的表情放松了下来。他抓了抓自己的头发，苦恼地说："我现在

脑子里已经乱成了一团，除了自己的名字，很多东西都记不起来了。我记不起父母，记不起朋友，甚至记不起怎么来这里的，只知道一觉睡醒，就跟这只小特暴龙一起被关在一个铁笼子里了。”

“那边的雷前龙为什么跟你很要好的样子，竟然还让你骑在它身上？”古伟很好奇，因为恐龙能让人骑在身上，是一种非常信任的表现。雷前龙为什么会跟阿洛这么亲密呢？

阿洛看上去也是一脸不解：“其实我也没搞明白。这几只雷前龙就关在我们的旁边，我刚醒过来就发现它们对我很亲近，总是凑过来好像要跟我聊天似的。跑路的时候，也是它主动示意让我爬到它背上的……”

“对了，阿洛，你们不是都被关着的吗？是怎么跑出来的？”阿虎作为军人，除小伙伴的人身安全之外，最关心的就是各种安保措施，以及一些急需弄清楚的细节。

阿洛同样也是一头雾水："是这样的，在1个小时前，本来到了给动物喂食的时间，但一直没有人来，动物们就开始骚动了。然后，所有铁笼子的电闸门突然全部打开了，里面关着的几百只大大小小的动物都从笼子里出来了。紧接着一声巨响，我也形容不出来是什么东西的响动，声音非常大。所有动物都受到惊吓，一股脑儿狂奔起来，接下来的事情你们都看到了。"

问了半天，事情的前因后果还是没办法搞清楚。

这时候，一直在不远处和拉面凑在一起嘀咕的蟠猫走了过来，她已经从拉面那里得知了事情的来龙去脉。虽然拉面也有很多不懂的地方，但蟠猫听后已经基本上能重组整个事件的经过了。

几人围坐在一起，听蟠猫娓娓道来，不仅古伟和阿虎面面相觑，连事件的亲历者阿洛，也有些难以置信。他没想到，拉面早已察觉到卡特的

异常，它紧跟在自己左右，纯粹是为了保护自己。

蟠猫讲完后，古伟和阿虎也各自补充了在时空管理总局得来的信息，再次印证了三叶虫古生物科技研究中心有着不可告人的阴谋，以及柯伦、安迪德等人的野心。阿洛这才恍然大悟，后悔不已。

不过，阿洛虽然记忆混乱了，但大脑里确确实实被灌输了大量古生物知识。古伟问了他一些古生物方面的专业知识，阿洛都能对答如流，这令大家非常诧异。

虽然这样硬灌进去的知识容易遗忘，必须通过不断温习来加以巩固，但也算是一个意外的收获吧。现在的阿洛，也算得上一个“半专业”的古生物学家了。

就在阿洛有点儿沾沾自喜的时候，拉面的声音在几人脑海中响起：“阿洛，你别偷着乐了，你真是走运。知道在你身上做完实验后，那个眼镜男怎么说的吗？他自言自语的内容本龙通通听在耳朵里，你是唯一一个被输入知识后，没有变成白痴的人！”

阿洛听后一惊：“拉面，你说什么？你的意思是除了我，其他参加实验的小孩子全都……”一阵阵后怕从阿洛心底升起，他的衣服顿时被冷汗湿透了。

古伟想了想，严肃地说：“这个不奇怪。虽然我还没搞清楚他们是怎么通过电脑把知识硬塞进人脑中的，但人类的大脑如何运作，到现在科学界还没能研究透彻，贸然去干扰大脑运作，风险非常大。阿洛，你现在这样算是很幸运了。我估计你的记忆过一段时间应该是能恢复过来的，以后再碰到这样的事情，可一定要三思而后行啊。”

阿洛忙不迭地点头称是。他已经完全能接受这几个小孩子是自己的好朋友的事实了，不然谁闲得没事，千辛万苦专门从 2 亿多年后跑过来找自己。

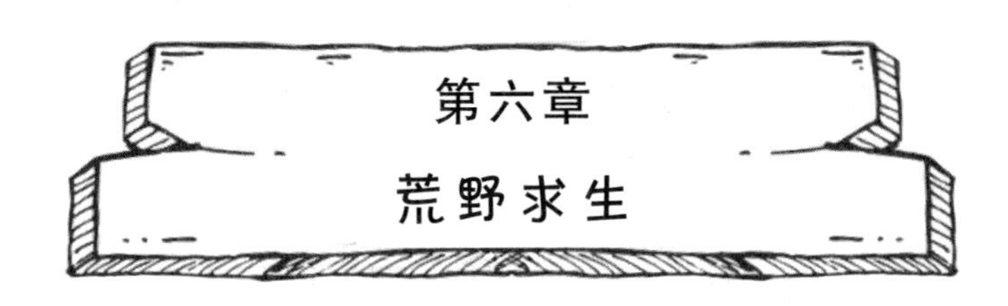

第六章 荒野求生

三叠纪虽然四季分明，却有集中的雨季。在雨季来临时，大雨成天下个不停，整个世界都是湿漉漉的，几乎找不到一片干爽的地方。

茂密的森林中，高大笔直的松柏最多，枝丫横生，枝叶密布，仿佛编织成了一张大网，把天空遮得严严实实。桫椤也极其繁盛，高达数十米的树干顶上是硕大的树冠，像一把把撑开的大伞，一排排鳞片状的细小叶子布满叶柄，螺旋状的叶柄一层叠着一层。

苏铁则占据了森林的中下层空间。这个时代的苏铁比现代的长得更高大，数米高的圆柱形树干上层层叠叠长着龙鳞般的叶柄，坚硬的羽状叶子从茎顶长出，向四周舒展开，就像桫椤大伞下的小伞。

最底层的就是各种蕨类植物，低矮一些的平铺在地面，高一些的比古伟他们还高，茂密的叶片互相缠绕交织，很多地方连走都走不过去。真正意义上的草和显花植物要到1亿多年后的白垩纪才会出现，三叠纪的地表植物主要是各种蕨类。

雨越下越大，在这个时代生病可就麻烦了，在缺医少药的情况下很可能会危及生命。几个小伙伴只能充分利用现有的资源来遮风挡雨。

现在阿洛虽然记忆混乱，但他却具备了丰富的古生物知识，无论是分辨植物还是利用植物的能力，都有非常大的进步。几个人配合，做起事

来比之前更加得心应手。

小伙伴们选定了一个由四棵倾斜生长的松树树干交织而成的背风地。古伟、蟠猫分别采集了一些桫椤树叶和苏铁叶，阿虎在附近弄回来几根粗大的树枝，和阿洛合作在松树树干上搭建支架，然后再把采集回来的树叶层层垒上去，最后用树枝互相交叉固定压住树叶。在几个小伙伴的通力合作下，一个能遮风挡雨的简易风雨棚很快就搭好了。

大家躲进棚内，顿时感觉舒服了很多。只可惜到处都被大雨浇了个透，根本找不到能生火的东西。要是能生起一堆篝火，把全身的衣服烤干，那就更舒服了。

“咦，我上的那所小学，是不是叫什么海的？”正当几个小伙伴紧紧靠在一起取暖时，阿洛像是想起了什么似的突然发问。

阿虎拍着他的肩膀笑道：“不错啊阿洛，这么快就想起一些事情来了。没错，我们读书的小学叫山海小学，我们都是六年级（2）班的。加油啊阿洛，努力早日恢复记忆。”

几个小伙伴哈哈笑了起来，阿洛对大家的陌生感又消除了很多。

与此同时，柯伦正在他的三叠纪实验基地会议室中大发雷霆。

这位超级富豪此刻就像一头发怒的雄狮，眼睛瞪得像铜铃般大小，整个人气得浑身发抖。他对着一帮下属破口大骂：“一点点小事就办成这个样子，你们还好意思向我汇报！”

也难怪柯伦会气成这个样子，眼看着自己的愿望马上就能实现，没想到却转眼成空，任谁遇到这种事都会发飙的。

本来，卡特机缘巧合之下拉了一个小孩子做实验，竟然发现这小孩子是一把能打开返老还童宝库的“金钥匙”。好运气接踵而来，这边刚把那个小孩子弄到三叠纪实验基地，那边两个关键人物居然自己送上门来了。

可现在呢，不但送上门的“鸭子”飞了，连已经送到三叠纪实验基地的那个小孩子，也不见了踪影。更令柯伦无法忍受的是，他花大价钱建造的实验基地，被一大群不知怎么逃出笼子的动物冲撞得满目疮痍。

特别是实验区、冷藏区等几个核心区域，很多昂贵的实验器材被损坏，许多珍贵的研究成果毁于一旦。实验基地要重新恢复成原来的样子，不但要花费巨额金钱，还要花费大量时间。要知道，柯伦先生已经80多岁了，虽然现在身体强健，但真不知道还能不能撑到出成果的那一天。

我们能有什么办法？这些动物是怎么跑出来的我们也很纳闷，怎么能怪到我们头上……被柯伦骂得狗血淋头的一众手下心里虽然都觉得委屈，可谁也不敢在这个时候出声申辩。

眼镜男卡特也站在人堆里，见大老板犀利的目光停在自己脸上，不禁微微打了个寒战，又缩了缩脖子。不由得他不怕，最重要的两个人都在他手上逃脱了，这足以把他之前的所有功劳抹得一干二净。

虽然克里也跟众人一样，承受着大老板的咆哮，但他却神情淡定，并没有像其他人一样战战兢兢。说来也巧，克里的实验室都在基地的东翼，这次动物暴动发生在基地的地下动物囚禁区，它们冲出笼子后一股脑儿跑向了基地西翼，把西翼破坏得一塌糊涂，而克里的东翼却没受多大损失，也难怪他镇定自若。

“接下来怎么办？你们说说吧。”柯伦狂风暴雨般发泄一通后，深呼吸了几口，努力让自己的心情平复下来。当务之急是抓紧时间制订下一步的行动计划，否则之前的一切努力就都白费了。

安迪德站了出来，他清了清喉咙说：“柯伦先生，事情发生后我已经第一时间命令安保人员去地下动物囚禁区，调查动物暴动事件的起因……”说到这里，安迪德眼睛有意地扫了克里一眼，目光中毫不掩饰他的怀疑。

“另外，我将会安排卡特，”安迪德顺手从人群中把卡特拉到跟前，继续说，“让他带领搜索人员，去把那个逃跑的小孩子抓回来。还有，我怀疑那两个有返老还童嫌疑的重要目标人物，以及那个长相奇特的女孩子，现在已经来到了三叠纪……”说着，他用力捏了一下卡特的手臂。

柯伦听到他这么说立刻直起了腰，紧张地追问：“哦？怎么说？”现在没有什么比得到这两个关键人物的确切信息更能吸引柯伦注意的了。

“是这样的，我仔细察看过三叶虫古生物科技研究中心的外围监控，没有发现任何人离开，而在之后的一段时间内，除了我们的物资运输车辆经过虫洞来到三叠纪基地，没有其他的途径能离开三叶虫古生物科技研究中心。这3个小孩子在我们如此彻底的搜查中都不见踪影，唯一的解释是他们已经跟随运输车来到了三叠纪基地。这3个小孩子的目的是要救出他们的朋友，假如那其中两个真的是返老还童的成年人，那么他们偷偷来三叠纪基地伺机救人就不难理解了。你说呢，卡特？”安迪德分析得头头是道，连他的死对头克里都微微点了点头。

卡特立刻明白老师是在编理由为自己开脱，忙不迭地附和：“是的是的，我也是这么判断的，因此我立刻就赶过来了。这几个小孩子一定已经会合，只要有足够的人手，我保证一定把他们全部抓回来。”

柯伦想了想，觉得还真有这种可能，原先紧绷的脸也放松了下来。他缓和了语气，态度坚决地说：“好，那你立刻带人出发，务必把我要的人完完整整地带回来，如果完成不了任务，你也别回来了！”

这句话有点重，卡特挺胸大声应道：“是！柯伦先生，我立刻出发！”转身往外走的同时，不由地抬手擦了一把额头上的汗。这位超级富豪气场真是强大，尤其是发怒时给人一种极大的压迫感，让人非常不好受。

那边卡特正在召集人马，闹哄哄地准备各种装备要冒雨搜捕古伟他们。其实他知道老师那一堆看似很有道理的分析，实际上都是胡编的，只是他没料到居然还真让安迪德蒙对了。

这边古伟等人正在发愁，浑身上下都湿漉漉的，实在太难受了。虽然已经搭好一个风雨棚，但毕竟只是很粗糙地用树枝树、叶搭成的临时落脚点，不是长久之计。柯伦和安迪德那帮人肯定也不会轻易放过他们，一定会追过来的。因此，还是要想办法寻找一个更稳妥的藏身之处，等待时空管理总局的营救队伍赶来。

“哗啦”一声，一个身影扑入风雨棚中，把大家都吓了一跳，定睛一看，却是刚才不见踪影的小特暴龙拉面。它一进风雨棚，也不管空间窄小和周围的小伙伴，全身猛地一阵乱抖，把身上的雨水甩得到处都是。抖落身上的雨水后，拉面舒服极了，周围的小伙伴却满头满脸都是水，大家纷纷笑骂起来。

“我刚才在附近转了转，在东北方向有一个很不错的地方，无论地形还是隐蔽程度，都比这里更适合藏身。”嬉笑一阵后，拉面用脑电波跟小伙伴们交流起来。

在几个小伙伴当中，阿虎的危机意识最强。他认为在这个地方稍作休息还可以，但要逗留太久肯定不妥。这里毫无隐蔽性可言，一旦柯伦的人追上来，只有束手就擒的份儿，另觅一个更妥当的地方暂避风头正是当务之急。一听有这么好的去处，阿虎当即就表示要过去看看。

此时，外面的雨停了，天空放晴。厚厚的积雨云被疾风吹向远方，被遮挡多日的太阳露了出来。被瓢泼大雨清洗过的天空，湛蓝透亮，高纯度的天空底色中还能看到几颗星星在闪烁。

这种天气其实在三叠纪的雨季时节并不常见。古伟非常清楚，既然老天都给了这样的便利，那就赶紧搬家为好。几个小伙伴立刻起身，跟着拉面走出了风雨棚。

“大家小心，有情况！”刚刚走出去，拉面的脑电波交流和蟠猫急促的话音同时响起，而阿虎也几乎在同时进入高度戒备状态。

天已放晴，茂密的针叶森林到处都往下滴着雨水，各种植物的叶子被雨水洗得干干净净，在阳光的照射下闪闪发亮。在深浅变幻的绿色中，3 只身长足有 5 米、身高超过 2 米的大型恐龙正

呈“品”字形包围过来。

“理理恩龙？”阿洛脸色发青，颤抖着嘴唇征求古伟的意见。这位在极短时间内成长的准古生物学家知识确实是涨了不少，可胆量却似乎并没有随着知识的增长而增长。

古伟脸色严峻地盯着前方，重重点了点头。他心里暗暗叫苦，光凭他们几个的力量，怕是无法对付这 3 个不速之客。

不能怪古伟忌惮，理理恩龙可是这个年代体形最大的肉食性恐龙，堪称三叠纪晚期的顶级杀手。理理恩龙成年后能长到 5 米多，体重能达到近 150 千克。它们的长相很像侏罗纪早期出现的双脊龙，除长长的脖子和尾巴、短小的前肢和强壮的后肢外，理理恩龙的头顶还长着两片引人注目的、由薄薄的骨头构成的脊冠。脊冠色彩鲜艳，非常醒目惹眼。

此外，理理恩龙还保留着一些早期恐龙的原

始特征，例如它们的前肢还长着5根手指，只是第四和第五根手指已经明显退化，而同时期的不少肉食龙第四和第五根手指则彻底消失了。

作为这个时代的顶级掠食者，理理恩龙没有天敌，森林中所有的动物都是它们的猎食目标。虽然它们以前从未见过一亿多年后的特暴龙和两亿多年后的人类，但这并不妨碍它们把这些地球未来的主人当作美餐。

3只理理恩龙牢牢锁定前方20多米处的几个目标，身体慢慢弯成弓形，一双大长腿上强健的肌肉绷得紧紧的，亮出前肢上3根锋利的指爪。它们脖子呈“S”形向后收缩，张开长满锋利牙齿的大嘴，长尾巴朝天挺得笔直，尖锐的呼啸声同时响起，向古伟他们猛扑而来。

刚意识到有危险的时候，阿虎和古伟就已经从风雨棚上各自抽了一根粗大的树枝握在手里。虽然明知道自己人小力弱，跟理理恩龙这样的掠

食者正面对抗肯定会吃亏，但手里握点武器也算是给自己一些心理安慰。

第一只理理恩龙从正面扑来，阿虎用尽全力挥动树枝，树枝带着风声向它的双腿扫过去。对付双足恐龙，最好是攻击它的支撑腿，阿虎作为ATS第五大队的前队长，这一点在日常的训练中早已了然于胸。

理理恩龙没想到猎物居然会一上来就攻击自己的双腿，怪叫一声双腿用力蹬地，灵活地闪到一边，退后几步，歪着头打量阿虎。

左翼的理理恩龙刚好杀到，正面对着它的蟠猫往前急奔两步，灵活的身体呼地跳起，一脚飞起正好踹在它的头上。恐龙人蟠猫力气很大，这一脚把理理恩龙踹了一个踉跄，后退几步才站稳。

古伟跟阿虎不同，他没有抡起树枝横扫，而是把树枝当长枪使，朝扑来的第三只理理恩龙当胸戳去。古伟的力量比蟠猫小得多，也比不上军人出身的阿虎，跟理理恩龙正面相撞后，古伟被它的前冲力量撞得接连后退了几步，如果不是背后有阿洛用力顶住，说不定会摔个四脚朝天。不过被他这么戳了一下，第三只理理恩龙一阵胸闷，不得不退后几步缓一口气。

拉面虽然也蠢蠢欲动，但毕竟还未成年，帮不上忙，不然光是跳出来吼一声，就能把3只理理恩龙吓跑。此刻它只能躲在小伙伴的背后，连声吼叫加油助威。

首次攻击失利，3只理理恩龙收起了轻视之心，不再谋求速战速决，而是围着古伟几人不停转圈，试图寻找对手的弱点。现场陷入了对峙，谁也奈何不了谁。

转悠了好一阵子，理理恩龙渐渐失去耐心：面前的猎物个头矮小，虽然有点手段，可也无须过分谨慎。它们不约而同尖叫一声，极为默契地同时再次发动攻击。这次它们改变了战术，目标

不再像之前那样分散，而是集中火力，3 只一起朝古伟冲来。

理理恩龙还真是聪明，在第一次的进攻中就发现了古伟正是对方防守的薄弱环节。

第七章 理理恩龙惊魂

理理恩龙的动作迅如闪电，3 只集中一起发起攻击，会产生极其强大的冲击力。不单古伟感受到巨大压力，就连与古伟并肩站在一起准备迎战的阿虎和蟠猫都紧紧皱起了眉头。

“大家当心，它们虽然看似都冲向古伟一个人，但实际上是打算把我们几个分隔开，只要能冲倒我们当中的任何一个人，它们就能得手了。”拉面的话在大家脑海中急切地响起。

几个小伙伴当中，最了解掠食恐龙对付猎物的思路和战术的，莫过于拉面。它还是亚成年状态的时候，在白垩纪的大火山领地可是叱咤风云的王者，领地内大大小小的恐龙听到它的吼声都会瑟瑟发抖。

听了拉面的话，古伟他们靠得更紧了，全神贯注做好准备，迎接马上到达的攻击。

眨眼间，理理恩龙那张开到极致的大嘴中寒光闪闪的利齿已近在咫尺，几个小伙伴甚至能清楚地听到理理恩龙急促的呼吸声。

突然，头上一阵风声，一根大尾巴在几个小伙伴头顶上方横扫而过，准确地抽打在 3 只理理恩龙的头上，巨大的力量顿时使它们撞在一起，摔到了几米外的地方。

3 只理理恩龙互相纠缠滚作一团，挣扎好久才摇摇晃晃站起来。它们被突如其来的打击弄得晕头转向，站在原地好一阵子才恢复清醒，紧忙

抬头张望，看看究竟是谁突然出手搅乱了它们的猎捕行动。

古伟几人也被这突然出现的援手弄得莫名其妙，究竟是谁给他们解了围呢？还没等他们去看，头顶就被一个巨大的物体挡住，耳边同时传来悠长高亢的长啸，声音远远传播出去，引来附近此起彼伏的回应。

古伟几人抬头看去，一只有着长而粗壮的脖子，却顶着个小小脑袋的巨型恐龙正站在他们身侧。强壮的四肢支撑着庞大的身体，前后肢长度的差异令它的肩膀明显高过臀部，身体后方拖着一根长长的尾巴，原来是之前驮着阿洛逃出柯伦实验基地的那只雷前龙。

阿洛又惊又喜，自豪地跟古伟炫耀："这只雷前龙跟我是好朋友，这是专门跑来救我的啊！"他已经不记得刚才自己一直都躲在古伟、阿虎和蟠猫三个身后，吓得大气都不敢喘的样子了。

理理恩龙们恶狠狠地盯着突然出现的雷前龙，发出尖锐的吼叫，仿佛在质问雷前龙为何阻挠它们猎取食物，同时也在警告雷前龙，不要再继续干扰。雷前龙毫不理会理理恩龙的威胁，持续发出高亢的叫声。

很快，周围响起噼噼啪啪的树枝折断的声音，其他雷前龙听到召唤，赶来聚集。

真是岂有此理！雷前龙如此公然的蔑视，令身为三叠纪顶级杀手的理理恩龙大为不满。它们同时厉声尖啸，挥舞着前肢上五根指爪中最发达、最锋利的三根，猛地直扑那只“管闲事”的雷前龙：既然你胆敢干扰我们捕食，那我们就抓你来填饱肚子好了！

一般情况下，成年健康的巨型恐龙，如雷前龙、板龙以及卡米洛特龙等，因为体形庞大且力大无穷，理理恩龙并不会主动去攻击它们，毕竟猎食这样的庞然大物是有风险的，轻则受伤，重

则连命都会丢掉，实在太不划算了。所以理理恩龙平时都是捕食小型猎物，如小型恐龙和一些哺乳类动物。这次对一只壮年雷前龙发动攻击，更多的是一种愤怒地宣泄。

雷前龙从容应对。它身高力壮，不仅身体比理理恩龙大了至少一倍，力气更是远超理理恩龙，见理理恩龙冲近身前，回身又一尾巴横扫过去。巨型蜥脚类恐龙的大长尾是传统的防御武器，被它近距离扫中甚至会有生命危险。

进攻方显然不敢大意，两侧的理理恩龙往两边跳开，中间的一只在急速奔跑中身子一低躲过了雷前龙大长尾的攻击。趁着对方尾巴从自己上方扫过来不及转身，中间的理理恩龙强劲有力的后肢用力下蹬地面，带动身体向上猛蹿，凌空而起扑在雷前龙的臀部，前肢三根锋利的指爪和后肢巨大的爪子牢牢抓住了雷前龙的皮肉。

得手了，理理恩龙兴奋地仰头啸叫一声，张

开血盆大口就一口咬下去。假如这一口咬实了，它满嘴剃刀般锋利的牙齿能直接从雷前龙身上撕扯下一大块皮肉来，雷前龙很快就会因失血和疼痛而支撑不住倒在地上。巨型恐龙一旦倒地，无论它之前多威风，都只有一个下场，那就是沦为掠食者的美餐。

古伟几人见状心头一紧，不由得担心起来。刚才理理恩龙丢下他们转而去攻击雷前龙时，他们几人就赶紧退到了一边，尽量拉开一定距离。如果不是阿洛坚持不肯离开，说要留在这里给雷前龙打气，按照阿虎的意思早就乘机离开了。

现在雷前龙陷入危险，而古伟他们只能在一旁干着急。一来是古伟他们离“战场”有一定距离；二来就算冲上前，凭几个小孩子的体形和力量，就算拿着木棍，实际上也帮不了什么忙。

雷前龙背上的那只理理恩龙大嘴咬下，还没来得及用力撕扯，突然从侧面涌来一股巨力，不偏不倚狠狠撞到它头顶的脊冠上，这是另一只赶来的雷前龙。它听到同伴的呼唤，立刻全速奔来支援，正好见到理理恩龙扑在同伴的臀部上，于是整个庞大的身躯直接朝着掠食者冲过去。

那只理理恩龙惨叫一声，四肢松开，从雷前龙背上摔了下去，躺在地上挣扎了半天也没爬起来，显得极其痛苦。理理恩龙头顶的脊冠只是两块薄薄的骨头，相当不结实，被这样的蛮力撞上很容易受伤，会产生剧烈的疼痛，这种剧痛往往会让它们放弃到手的猎物。

被抓伤的雷前龙转过身来，用后肢支撑整个身体“人立而起”，前肢腾空向着还在地上挣扎的理理恩龙用力踩踏下去。雷前龙前肢比后肢长，它的指部末端长有尖锐的钉状利爪，并且还保留着抓握的功能，爪子既灵活又锋利，被它踩中的话，难逃被开膛破肚的命运。

“战场”形势变幻莫测，短短几秒钟，攻守双方就已对调了身份。

躲到一边的两只理理恩龙绕了回来，它们一左一右同时杀到，其中一只撵着来增援的那只雷前龙，把它驱赶到一边。剩下的一只则高声嘶叫着直扑向打算踩踏同伴的雷前龙，摆开一副要拼命的架势。

受了轻伤的雷前龙看到冲上来的这只理理恩龙，明显犹豫了一下，负责支撑的后肢退后了一步，已经抬起在空中的前肢改变方向，朝扑上来的理理恩龙踢过去。它在最后关头改变了主意，认为冲上来的这只比躺在地上的那只威胁性要大得多，必须优先处理。

趁着这个空当，躺在地上的理理恩龙挣扎着翻身站起跳到了一边，虽然头顶脊冠处的阵阵剧痛还是令它难以忍受，但至少捡回了一条命。

它忍着剧痛，仰头高叫几声，扭头转身迈开长腿逃开了。另外两只理理恩龙其实也都是虚晃

一枪，干扰雷前龙的注意力，好让同伴可以撤离“战场”，所以并没有全力攻击，这时它们听到同伴的招呼，立刻同时转身而去。3只理理恩龙迅速消失在密林深处，只剩下那依然在晃动不已的苏铁和蕨类植物的枝叶。

最早来的那只雷前龙转过身来，向古伟几人走来。它皮糙肉厚，受伤并不严重，身体上只留下了几个浅浅的爪印，破了点皮，血都没流几滴。

古伟他们知道它的来意，主动往两边让开，让站在后面的阿洛走到前面来。

雷前龙走到近处，长脖子前伸，小小的脑袋凑到阿洛身前，轻轻碰了碰阿洛的脑袋。阿洛的脸都快笑成一朵花了，他伸手摸了摸雷前龙的小脑袋，嘴里喃喃着：“多谢你啊！如果没有你，说不定我们都成了理理恩龙的美餐了。”

看看天色已经不早，这里又是理理恩龙的地盘，随时都可能会遇到危险，并且柯伦和安迪德的人估计也会很快找来，要抓紧时间启程去拉面找好的藏身地了。

阿洛跟雷前龙依依惜别，一步三回头地跟着小伙伴们踏上了穿越针叶密林的旅程。

古伟对阿洛和雷前龙的友谊百思不得其解，走着走着，忍不住开口问道：“阿洛，我真的很好奇你跟那只雷前龙的关系，那天它驮着你出来，今天又奋不顾身地来救你，我怎么想都没想明白为什么。”

蟠猫也接口说：“是的，我也有点搞不明白，其实刚才我一直试图跟那只雷前龙建立联系问问情况。不过你们也知道，要建立脑电波联系，需要对方有一定的智力水平，但它的智商好像并不太够，根本没法建立联系。”

“我大概能解答一下……”拉面的脑电波同

时跟四个小伙伴建立了联系，“阿洛和我在被运到三叠纪实验基地的时候，那个安迪德随意把我们关在了雷前龙的笼子旁边。在他走后不久，又来了一个胖男人，周围的人称呼他‘克里教授’。这人一来就说要把我们转移到其他地方去。在听说把我们关在雷前龙笼子旁是安迪德的安排后，那个克里教授大笑起来，还讥笑安迪德什么都不懂。”

拉面停顿了一下，转头看向阿洛继续说：“他用很小的声音跟其他人说，阿洛体内注射的一种试验性质的、能帮助他吸收知识的物质，里面除了有埃雷拉龙大脑皮层的提取物，还有从雷前龙的胚胎中提取的什么物质，说是能增强稳定性……”

这就难怪了，雷前龙十有八九是从阿洛身上感应到了同类的气息。

小伙伴们一边说着话，一边高一脚低一脚地穿行在三叠纪的密林中。三叠纪丛林中的植物普遍比现代的植物高大很多，不单那些松柏、桫椤和银杏等树能长到几十米高，就连地面的蕨类植物，有些长得比成年人还高。

几个小伙伴在那些高大的三叠纪植物面前，就像小人国的来客，行走难度可想而知。

特别要当心的是，在如此茂密的丛林中，隐藏着无数大大小小的恐龙。没准拨开面前的一丛植物，就能跳出几只恐龙来。遇到小恐龙还好说，万一要再碰到理理恩龙或者恶魔龙这些三叠纪的霸主，那麻烦就大了，因此必须要小心翼翼。

幸好有拉面在前引路，特暴龙那异常灵敏的嗅觉和听觉，能提早发现很多隐藏在密林中的动物。不过也出现过几次意外，由于对方的移动速度太快，连拉面都来不及做出反应，就面对面碰上了。幸好都是小型恐龙，构不成什么威胁，大

家也只是稍微受到了些惊吓而已。

与恐龙最近距离的一次接触发生在一大丛蕨类植物后面。拉面正好在喝水，落在了几个小伙伴后面，结果最前面的古伟，在拨开一丛浓密的植物后，几声吱吱的叫声响起，紧接着蕨类植物羊齿状的叶子“哗啦”一声分开，一大群始奔龙直直朝着古伟冲了过来。

古伟毕竟长期在野外考察，猛一愣神后立刻反应过来，赶紧侧身躲到一旁。那群受了惊吓的始奔龙如同潮水般从他身边掠过，“呼啦啦”转眼就消失得无影无踪。

始奔龙是一种植食性的小型鸟臀目恐龙，跟之后鼎鼎大名的鸟臀类恐龙如剑龙、三角龙以及禽龙这样的庞然大物相比，它们实在是太小了，身长也就 1 米左右。

始奔龙，顾名思义，是种非常善于奔跑的恐龙。它们跑起来速度飞快，动作敏捷，在长满蕨类植物的丛林中如履平地，掠食者要捕捉它们相当困难。

在古伟、阿虎和阿洛3个人注视着那一大群始奔龙消失的方向时，拉面在旁边看得直流口水，这些小个子恐龙对它来说，简直就是最美味的零食。

蟠猫却一直在抬头观察空中几只飞来飞去的沙罗夫翼蜥。这是一种超出了现代人对具有飞行能力动物认知常识的神奇生物。

沙罗夫翼蜥虽然号称飞蜥，但它实际上只能从一棵树滑翔到另一棵树，而不能像翼龙那样真正在天空翱翔。沙罗夫翼蜥的三角形膜翼很奇特，生长在长长的后肢和尾巴前半部分之间。在滑翔的时候，它的前肢往前伸展，后肢向身体两侧伸展，形成一个合适的角度，并通过长长的棍状尾巴来控制滑翔的姿势和方向。

这种翼展大约只有30厘米的沙罗夫翼蜥，它

奇特的飞行姿势，很容易令人联想到现代的鸭式布局（是一种飞行器配置的称呼，这种配置的特点是将水平稳定面放在主翼前面，而一般是将水平稳定面装在后面）的飞机。

很快，晴朗了没多久的天空又开始乌云密布，雨开始淅淅沥沥地下起来。不过对于已经穿过了密林的古伟几人来说，下雨反倒是好事，雨水的冲刷，能把他们的踪迹和气味都破坏掉，让追踪的人更难发现他们的行踪。

“到了，我说的藏身之处就在这下面。”拉面终于把几个小伙伴带到了它找到的有利于藏身的好地方。

古伟几人向前望去，前方是一个断崖，拉面所说的地方就在断崖下面。而断崖前，却是一片茫茫大海，海浪在风雨中不停翻滚，一个浪接一个浪地拍打在岸边的礁石上，发出巨大的响声。

小特暴龙竟然把几个小伙伴带到了海边。

看着前面的断崖，听着波涛拍岸的巨响，淋着从毛毛细丝渐渐变成豆大水滴的雨，古伟无奈地望着拉面，询问道：“亲爱的拉面同学，咱们应该怎么去你说的那个能躲避风雨和敌人的天堂呢？”

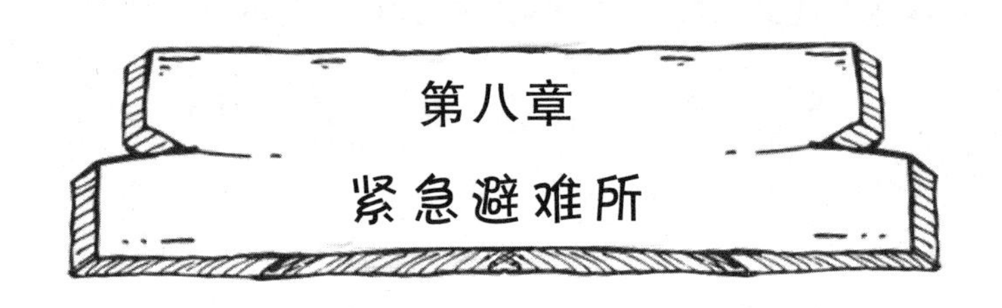

第八章 紧急避难所

“你说什么？还没找到那些小孩子的踪迹？卡特，我对你太失望了！今天如果你不能把他们带回来，就找个地方把自己埋了吧！哼……”耳机中传来柯伦的咆哮声，但卡特已经有些麻木了。这已经不知是他在这两天内被柯伦痛骂的第几次了，如此密集的语言暴力攻击，早把卡特的斗志消磨殆尽了。

卡特关掉通信设备，看着下个不停的雨，任

由雨点打在他的脸上和镜片上，一边叹气一边摇头。

三叠纪的天气一点儿都不给搜索小队面子，尽管他们带着高科技追踪设备：活动感应器、红外追踪设备、热成像监测系统，甚至还有昂贵的高阶人工智能无人机。但整夜的连绵大雨，早把几个小孩子的踪迹洗刷得干干净净，这可实在是难倒了他们。

“报告，我们发现了一个疑似人造的东西。卡特先生麻烦您过来看一下。”耳机中突然响起手下人员的声音。

“定位！快！”卡特心中大喜，立刻查看报告的方位，边看边拔腿狂奔过去，他一刻都不敢耽误，生怕又错过了什么重要线索。

人在茂盛浓密的三叠纪丛林奔跑，是件不可思议的事情。丛林地面被植物覆盖，完全看不见路，更别说路面坑坑洼洼了。卡特只顾着跑，已

经连续踩到几个坑，摔了好几个跟头，膝盖磨破了，脚腕也扭伤了。可他依然一瘸一拐地坚持，在跑了好几百米后，终于来到了定位所在。

出现在卡特眼前的，就是古伟他们临时搭建起来的那个避雨用的风雨棚。

卡特的眼睛眯了起来，脸上露出得意的笑容。这样的“建筑”，无论从选址、采集物料和搭建，都不可能是一个小孩子能够完成的。看来老师之前随口编造的借口，竟然蒙对了——其他三个小孩子一定也在三叠纪，跟之前逃跑的那个阿洛待在一起。

为了减轻老师的压力，以及向大老板邀功，卡特立刻跟实验基地视频连线，他要在第一时间把最新进展报告上去。

“嗯，很好！不枉我努力栽培你。既然已经找到了线索，那就赶紧乘胜追击，尽快把那几个小孩抓回来。”安迪德教授用眼角余光偷偷瞄了柯伦一眼。

柯伦紧盯着会议桌中央那浮在半空中的视频图像。被电脑重构的风雨棚的立体模型正在缓慢地旋转，每一个细节都被技术人员放大，最后技术人员得出结论——这个“建筑”毫无疑问是人造的。柯伦之前一直紧绷着的脸顿时放松了下来，轻轻地点了点头，嘴角甚至带着一丝笑意。满屋子的人都不由得暗暗松了口气，铅坠般沉重的心情也一下子轻松了许多。

只有安静地坐在角落的大胖子古生物学家克里，面无表情地看着眼前的场景，仿佛一切都跟他没关系。克里心知肚明，现在大老板的心思，都放到那几个能帮助他返老还童的小孩子身上了。自己主导的“青春计划”，已经被丢到了脑后，不管自己再怎么努力，都已失去了意义。之前跟安迪德争来争去，要抢那个首席的位置，没想到竟然被几个不知从哪里冒出来的小孩子给搅黄了。

真是不甘心啊！

于是，他隐瞒了注射入阿洛身体的融合剂的成分，故意不提醒安迪德把阿洛跟雷前龙关在一起的风险。之后，克里偷偷越过权限，把能提供返老还童的唯一线索——那个叫阿洛的小孩子放跑了。为了掩盖真相，他忍痛同时把所有的动物都放了出来，要知道，捕捉那些恐龙，不仅花费了大量的时间，也花费了大量的金钱。不过能顺手破坏掉安迪德的实验区域，令克里心情好了很多。

可谁知，安迪德和卡特好像得到了命运女神的眷顾，那几个小孩子居然自己跑到了三叠纪，简直就是送上门的大礼。克里冷眼旁观，看着大老板那热切的眼神，他知道自己完蛋了，接下来唯一的结局就是被清除出去。

其实，克里也试着从柯伦的角度考虑过，假如是自己的话，也会做出同样的选择。可是克里绝对不是一个坐以待毙的无能之人。

他只是还在犹豫，要不要走那最后一步。

柯伦正与安迪德交头接耳，估计是在商讨抓到那几个小孩子后如何进行下一步实验，以尽快研究出返老还童的秘密吧，毕竟大老板已经没有太多时间慢慢等了。

就在克里看向两人的时候，安迪德正好抬头，跟克里对视了一眼。自从大老板心存期望后，一直都是在跟安迪德作交流，克里这边连话都没能说上一句，基本上算是被打入了“冷宫”。在两人的竞争中，安迪德现在可以说是稳操胜券，就等着把几个小孩子抓回来进行研究，然后立刻把克里扫地出门。

此时此刻的安迪德意气风发，满面得意，看向克里的眼神中满是不屑，就像看着一个手下败将一样。

“别得意得太早！这可是你逼我的！”克里被

这充满挑衅的眼神刺激得眼皮直跳，心里暗下决心：既然你不仁，那就别怪我不义了！

安迪德教授依然沉浸在成功在望的喜悦中，一点儿没察觉克里冰冷无情的目光暗含的深意。

大雨瓢泼，而这时候古伟他们，早已舒舒服服地围坐在山洞中一堆燃起的篝火旁，烘烤着一整天没干过的衣服和鞋袜。

在火光中能清楚地看到，他们正身处一个宽敞的洞穴中。洞口很狭窄，几个小伙伴中体形较大的拉面只能勉强通过。洞内却宽敞干燥，的确是个不错的藏身场所。

说起来这个洞穴还真不是一般的隐秘。洞穴入口处在面海断崖一侧的高地半山腰，入口处被一块巨大的岩石挡住，洞口周围灌木丛生，把洞口掩盖得严严实实。如果不是有丰富野外生存阅历的拉面带路，其他人根本不会发现。

9413

阿洛往洞穴深处看了几眼，不禁缩了缩头："这个洞穴是砂岩构成，还挺深的，不知道会通向什么地方呢。"他自从失忆后，似乎连以前怕黑怕死人的老毛病也克服了不少，只不过这洞穴仿佛没有边际似的往里延伸，的确令人毛骨悚然。

古伟一边抬头四周打量着洞穴，一边对拉面称赞道："拉面还真是会找地方啊！这洞穴入口在海边断崖高地的背风面，却有条窄窄的、极其隐秘的小道能直接进来，不至于冒着大雨爬悬崖，真是不错！"

他稍微停顿了一下继续说："我进来的时候仔细观察过，这处洞穴是在高于断崖的高地山腹内部，洞口距离海平面至少有50米，不但能背风挡雨，而且无论海水怎么涨潮也不会淹没到这个高度。这里位于板块的边界，是地震多发地，而地震和海底火山喷发都可能引发海啸，这个地方的海拔高度足以应对大型海啸了。"

阿虎接口说："是不错，特别难得的是居然在这个时候，能找到完全干燥的引火物，不然还得继续全身湿透地熬下去呢……"

蟠猫也点头表示同意，毕竟身上一直湿漉漉的任谁都感觉不舒服。拉面对这些称赞全盘接收，还得意扬扬地高昂着大脑袋，一副舍我其谁的样子。

说来也是巧，这洞穴里到处都是干透了的树枝和树叶。通过周围地形判断，这些树枝和树叶应该是在很久之前洞穴还没彻底封闭的时候掉进来的，后来洞穴被封闭，雨水没法进来，高温把洞穴变成了一个大蒸笼，把掉在里面的树枝树叶中的水分彻底蒸干。这些干燥的树枝树叶现在成了古伟几人的宝藏。

有了干燥的引火物，加上阿虎无论去哪里都随身携带的百宝袋，点火就容易多了。他的百宝袋中装有最原始的生火工具——火柴和火绒，阿虎说，这些比打火机可靠谱多了。

“咦，阿洛，你身上这件东西已经穿得产生感情了吗？不舍得丢掉啊？”小伙伴们把身上的衣物烤干后，阿虎突然指着阿洛笑了起来。

古伟和蟠猫顺着阿虎手指看去，也不由得笑了起来，连拉面也在哼哼哈哈，明显是在取笑阿洛。之前几个人一直都是湿漉漉的，又忙着躲避追查，都没留意阿洛身上的衣着，现在终于安定下来，这才发现阿洛身上穿着一件号衣，胸前和背后都有一个大大的数字——9413。不用说都能猜到，这个数字就是阿洛作为实验品的编号。

“九死一生”，还真是个“吉祥”的数字呢。

阿洛也笑了起来，他跳起身，一把脱下那件号衣，团起来使劲从洞口扔了出去。“喂，阿洛别……”古伟来不及阻拦，只好眼睁睁看着那件衣服随风飘落到海面，越漂越远。

“哎呀，对不起，我刚才一冲动，就忘了不该在这里留下我们那个时代的任何东西。”阿洛扔完衣服，才想起时空科考的守则，不由抓着头发苦笑起来，引起小伙伴们又一阵大笑。

古伟笑了一阵说：“好了，阿洛，你现在的古生物知识已经很丰富了，也算是个准专业人士。我相信你以后会有很多机会参加时空科考，规章守则还是要时刻记住的。这次就算了，我想，你的那件号衣，应该不会那么幸运成为化石遗迹的。”

“咦，大家安静一下，我好像感觉阿洛的脑电波比之前平顺了很多。”拉面的声音突然在几个小伙伴脑海中同时响起，似乎有了些什么新发现。

古伟一听，立刻示意大家别出声，几个小伙伴同时把目光投向阿洛。阿洛深呼吸了几下，闭上眼睛静下心来，仔细回忆过往的事情。过了一会儿，他睁开眼睛，满脸惊喜地大喊：“啊！我想起来了！”一边喊一边手舞足蹈。

等喊完疯完，阿洛一把抹掉额头上的汗，重新坐下，迎着小伙伴们满是关切的目光兴奋地说："我能想起来很多事情了！只不过依然有不少记忆是零零碎碎的，连贯不起来，再多一点时间，我觉得应该就能完全恢复了。"

"那就好！"小伙伴们都开心地笑起来，今天没有其他消息比这个更加有意义的了。

说着笑着，小伙伴们渐渐安静了下来。这一天里又是时空穿梭，又是随动物群奔跑，日晒雨淋不说，还跟三叠纪的顶级杀手理理恩龙作了一次亲密接触，12 岁的身体体能早就消耗殆尽了。现在难得来到安全之地，在温暖的篝火边安顿下来，一个个很快就进入了梦乡。

拉面是最早睡着的，此时已经流着口水，摇都摇不醒了。

"可恶的三叠纪天气！可恶的三叠纪恐龙！"

卡特咬牙切齿地骂着。

他率领搜索小队在风雨棚附近转了好几圈，却再也找不到其他有价值的线索了。现在天又下着大雨，附近被巨型恐龙踩得乱七八糟，一片泥泞。说来也是他倒霉，理理恩龙的袭击引来了雷前龙群，有那么多大家伙在这里反复踩踏，当然什么线索都踩没了。

怎么办？

刚跟大老板和老师报喜说找到线索了，可没过 1 个小时就要再去报告说线索中断了吗？

卡特急得团团转，不停催促搜索小队扩大搜索范围。幸运的是，没过多久又有好消息传来：最先进的红外探测器终于发现了一些蛛丝马迹。

这次卡特没立刻向实验基地报告喜讯，他决定还是先把几个小孩子抓住了再说。于是，一队人立刻循着时断时续的踪迹搜索过去，一直到了晚上才来到海边的悬崖上，而线索却在这里彻底

断了。

雨依然哗哗地下着，一点儿没有要停的迹象。天空被厚厚的积雨云笼罩着，三叠纪的海边完全陷入黑暗之中，只有搜索小队的强光手电光柱四处乱晃。

这个时候，卡特急也没办法，只好让大伙在紧挨着森林的地方把帐篷扎起来，吃点东西尽快休息，等天明再继续搜捕。卡特浑身上下早已湿透，他也不管，坐在帐篷中，脑子却在高速运转，思考着接下来的行动。

卡特越想越感觉不对劲，怎么这几个小孩子如此难对付？就算他们是变小了的成年人，可也不过是时空管理总局里的几个工作人员而已，怎么就让他这样的精英分子无计可施呢？

他没想到的是，机器读取的阿洛的记忆，其实也是碎片化的，并没有把所有的记忆完整地读取出来，因此他们并不知道古伟和阿虎的真实身份。假如他们知道古伟是古生物研究所的教授，阿虎是ATS第五大队的前队长，绝不会表现地如此轻视。

夜晚过得很快，既没有肉食恐龙来找夜宵，也没有巨型恐龙要“踢场子”借道路过，连平时野外扎营经常会遇到的小型动物的骚扰也没有发生。一整夜只有雨声滴答，动物们仿佛统统躲了起来，搜索小队无惊无险到了黎明。

早上，雨终于停了，太阳勉强从厚厚的云层后透出朦胧的光晕，天空呈现一片冷冷的水样光华。

负责瞭望的人员传来消息：“卡特先生快来看，在大海中发现了一个东西。”卡特一骨碌跳起来，连衣服都来不及整理就冲到那人所在的悬崖边，抢过高倍数望远镜顺着那人手指的方向看去。

在距离岸边200多米的一个小小海岛的海滩上，有一小坨深色的东西正随着不停涌动的海

浪轻轻荡漾。卡特赶紧把望远镜的倍数调高，再调高，最后终于看清楚了，那是一件他们实验基地特制的实验品号衣。号衣背部朝上，上面的数字清晰可见——9413，正是他亲手给阿洛穿上的那件！

“太好了！终于找到了！原来这几个小孩子是跑到那个小岛上去了！”卡特立刻做出判断。他想当然地认为，正是因为他们都逃到了小岛上，陆地上才找不到他们的踪迹。

事不宜迟，已经耽搁了一个晚上，不能再浪费时间了。卡特立刻下令砍伐树木制造木筏，必须尽快登岛把那几个孩子抓回来，好向柯伦和老师交差。

“卡特先生，我听说这里的海洋中有特别可怕的东西，我们这样贸然下海会不会有危险？几个小孩子也不大可能游到那个海岛上吧，我们是不是应该先在附近多找找？”搜索小队的副队长提出了异议。

副队长的想法不无道理，他是真的不愿意莽撞地在不明水域下水。尽管他并不是古生物专业人士，但曾经在海军陆战队服役的经历，令他保持着对大海的敬畏。并且他在实验基地待久了，三叠纪海洋的可怕性他已经不止一次听说过了。

“闭嘴！我的判断不会有错！”卡特严厉地训斥副队长，“你再敢胡说八道，我就让你先游过去。”

见卡特听不进去，副队长也只得作罢。近30名队员同时工作，伐木的伐木，编绳子的编绳子，很快几只木筏就准备妥当，被抬到了海边。只等卡特一声令下，搜索小队全体人员将向200米外的小岛进发。

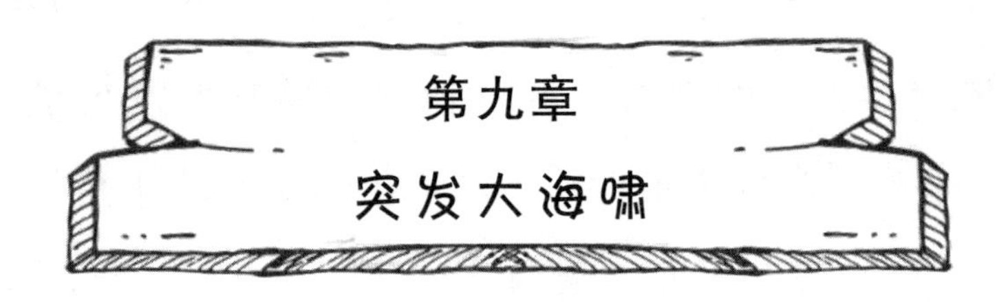

第九章 突发大海啸

在被强烈的震动晃醒前，拉面正在做一个美梦。它梦到自己恢复了亚成年特暴龙魁梧的身躯，回到了白垩纪大火山的领地，以无可匹敌的英姿巡视着自己的地盘，群龙敬仰，百兽臣服……

正当它威风凛凛巡视领地的时候，大地突然剧烈地摇晃起来，拉面强壮有力的双腿也禁不住这天旋地转，一下子重重摔倒在地上，然后……它醒了。

拉面迷迷糊糊，大地依然摇晃不已，它好几次想要站起来，都被剧烈的晃动掀翻在地。

这是怎么回事？

拉面唯有伏在地上，抬起大脑袋四处张望，几个小伙伴也都跟它一样，采取同样的姿势卧倒不动。

“大家当心，先趴着不要动，地震了！”古伟大声跟几个小伙伴说。古伟不得不抬高音量，不然其他人根本听不到他在说什么。

地动山摇，仿佛整个世界都在经历天翻地覆的剧变。洞顶不断有细小的碎石崩落，不时还有一些大的石块掉下来。各种巨大的声响混杂在一起，灌满了大家的耳朵。

摇晃了好一阵子，地震才渐渐平息。阿虎率先站起来，拍着身上的土问古伟：“知道这是什么情况吗？”

古伟翻个身坐起，摇了摇还在发晕的头说：

“我估计是不远处的海底发生了高烈度的地震，或者是海底火山大规模喷发引发了地震。三叠纪时期，地球原本聚在一起的盘古大陆开始分裂，有时候会发生非常剧烈的地壳运动，引起火山喷发、地震、海啸等自然灾害……等一下，海啸！这么剧烈的海底地震，很有可能会引发大海啸……”

古伟说着一下跳起来跑到洞口，大半个身子探出去张望。果然，他看见远远的海平面上，一堵巨大的海浪形成的墙壁高高耸立，正以雷霆万钧之势向岸边推过来。虽然这堵水墙距离还非常远，但古伟已经能感觉到那势不可挡的威力了。

几个小伙伴也纷纷过来观察海啸的情况，当他们回到洞中时，隆隆的滔声已经隐隐传来。洞穴就像一个巨大的共鸣箱，把那骇人的海啸的声音放大了数倍。

“这个洞穴的洞口虽然没有直接面对大海，但距离海平面不算太高，这次的海啸似乎有点大，

还是有可能会灌进海水。洞里有不少大石头，我建议先用这些石头把洞口封堵起来，等海啸过去了再打开。”古伟大声地说。小伙伴们纷纷点头。

大家立刻开始动手，海啸的速度非常快，必须争分夺秒。力气大的阿虎和蟠猫搬运大石头，在洞口垒起，古伟和阿洛则找来粗大的树枝顶住石头，做好抵御海啸的一切准备。

刚做好防御措施，大海啸的先头部队就到了。

这次海啸正如古伟所说，是由海底地震引起的，属于下降型海啸。

板块活动会造成强烈的地震，引起海底地壳大范围急剧下降，海水就会向突然产生的巨大下陷空间涌去，这时四周的海水会不断地涌入补充进来，并在其上方出现海水大规模积聚。但下陷空间毕竟是有限的，当涌进的海水在海底遇到阻力后，只能被推回海面产生压缩波，从而形成巨大汹涌的波浪，这些波浪会迅速向四周传播、扩散。

海啸的水墙前进速度非常快，能达到约500～1000千米/时。水墙在毫无阻拦的水面上可以驰骋上万千米的路程，掀起高达几十米的巨浪，向陆地席卷而来，直到被陆地巨大的摩擦力消耗掉它所有的能量，才会渐渐平复下来。

在这期间，巨浪呼啸，越过海岸线，越过荒野，迅猛地吞没它前进路上的障碍物，一切都会瞬间消失在巨浪中。

在巨浪的洗劫下，无论是高耸入云的参天大树，还是几十吨重的庞然巨兽，都显得那么渺小和无力。

相比躲在悬崖背风面洞穴中的古伟几人，卡特和他率领的搜索小队就悲惨多了。他们刚刚做好出发准备，就被突如其来的强烈地震给通通撂翻在地。

不过，这帮人毕竟大多是职业军人出身，对付这些突发事件有相当丰富的经验，每个人都并不急着站起来，而是尽量降低身体的重心，有几个甚至直接匍匐在沙滩上。他们每个人都全副武装，一个个都穿得像要去打仗似的，防弹衣、作战背心和武器一应俱全。这一身装备使每个人的重心上移，在如此强烈的摇晃中要站稳的确不是容易的事情，还不如直接趴下更能避免受伤。

待地震停止后，搜索小队的人马上重新集结准备出发。突然，一个队员惊讶地大声说：“咦，大家快看，大海怎么退潮了？”

所有人都被这句话吸引了注意力，不约而同朝大海看去，发现原先摆放在海边的木筏，现在却距离海边有几十米远，浅滩中的各种贝壳类动物全部都暴露了出来。

搜索小队的人都不是自然科学方面的专业人士，没有谁去解答这反常的自然现象，一阵惊叹后就不再理会，各自散开，分头去查看、整理固定在木筏上的设备去了。

卡特作为他们中唯一一个高级知识分子，却是计算机和生物工程专业，对自然科学是一知半解。他并不知道下降型的海底地壳运动形成的海啸，在海岸会首先表现为异常的退潮现象。

就这样，搜索小队硬生生错过了大自然给他们的提示。

很快，所有准备工作完成，木筏也都全部被重新往前推到了水边。卡特满意地巡视了一番，面向小岛方向一指，大声吆喝："出发……咦？慢着……"

"那是什么？海……海啸！"卡特目瞪口呆，手指依然保持刚才的动作，木然地注视着大海深处，那是一堵看似移动缓慢、实则高速逼近的至少几十米高的水墙。

"海啸！快跑！"紧要关头，副队长当机立

断，一把拽着卡特，转身就往岸上跑。搜索小队的其他队员一看两个队长带头跑路，立即反应过来，也争先恐后地跟着跑，连捆好，固定在木筏上的贵重装备都顾不上了。

海啸意味着什么他们很清楚，他们丝毫不敢轻视这大自然中足以摧毁一切的力量。至于那堆满几个木筏的装备，又不是他们自己的东西，毁了就毁了，总比丢了命强。

搜索小队的队员们在松软的沙滩上费力地、艰难地奔跑，速度明显比平时慢很多。短短几十米的全速狂奔，他们一个个都累得气喘吁吁，汗流浃背。到达断崖边，下来时的速降绳还在，队员们赶紧手脚并用，顺着绳子就往上爬。

断崖有20多米高，对于这些职业雇佣兵来说，爬上去难度不算太大，只是时间紧迫。有几个心理素质较差的队员手忙脚乱中失去了节奏，摔到了断崖下方。

海啸逼近的速度很快，短短几分钟已经能清晰地看到那高达几十米的浪头，正“张牙舞爪”地翻滚着扑过来，距离海岸只有几百米了。在这种危急关头，这帮人都只顾着逃命，谁也没想回去搭救摔落断崖下的几个倒霉鬼。

而那些落在后头的队员，只能自求多福了。

“往那边跑，快！”副队长早就仔细观察过地形，手一指领着爬上断崖的众队员向一侧高地冲了过去。那一小片高地看上去有几十米高，再加上断崖的高度，估计能超越海啸巨浪的高度。

至于跑到那上面能不能成功躲过海啸的正面袭击，就只能靠运气了。

一帮人刚跑上高地，海啸的巨浪就到达了海岸。巨大的冲击力带着一往无前的气势一头撞在断崖上，发出震耳欲聋的声响。水墙高约 50 米，比断崖高了一倍多，巨浪一下子就盖过断崖，冲向断崖后的森林。

茂密的森林里，参天巨树林立。众多大树都已经有几百年甚至上千年的树龄，树干浑圆粗壮，几个成年人手牵手都围不过来。大树的树根深深埋在地下牢牢抓着泥土，有些根系能达到几十米的深度，再加上树冠枝繁叶茂，整个森林形成了一张密不透风的大网。

而实际上，当正面面对海啸这种大自然中极具破坏力的灾难时，无数高达几十米的树木会瞬间被冲倒折断，像豆腐一样不堪一击。参天的大树不断地被折断，被冲倒的树干随着海浪向前涌去，又不断撞到其他大树上，沉闷的撞击声响个不停。然而这些声响，全都被淹没在巨浪奔腾时发出的巨响声中，这些声音只不过是给海啸的声威增添了一点点气势而已。

搜索小队还是比较幸运的，他们在最后关头跑上去的高地仅仅比海啸的水墙高了不到 10 米，幸运地躲过了这次冲击。卡特呆呆地看着脚下不远处汹涌而过的海浪，已经吓得傻了似的一言不发。相比之下，副队长的应变能力比卡特要强得太多，毕竟是军人出身，遇到突发事件还是他更靠谱一些。

海啸来得快去得也快，接连几波涌动后，海潮退去，大海逐渐恢复了平静。只是它巨大的破坏力，足足把断崖后方的森林铲平了十几平方千米。海水退却后，原先茂密的森林只剩下稀稀拉拉的巨树依然挺立，地上横七竖八堆满了倒下的大树。树干周围缠绕着各种蕨类植物和水草，各种大大小小的动物尸体混杂其中，大地一片狼藉。

“卡特先生，我们现在怎么办？”副队长拉了拉依然处于呆滞状态的卡特问道。

从未见识过三叠纪海洋威力的卡特一直在恍惚中，他是真的被吓傻了，被这么一拉才回过神来。

卡特和副队长走到一边低声商议，清点损失。爬断崖的时候损失了几名队员，狂奔到高地的路上又有几人落在后头，来不及上来就被卷走了。本来近30人的队伍现在只剩下不到20人。

而更大的问题是，除了队员们随身携带的装备，其他装备尽数遗失，这个损失太严重了。到现在，那几个小孩子也都踪影全无，生死未卜。看来，这次任务是彻底失败了。

卡特阴沉着脸，他不甘心就此失败。如果就这么灰溜溜回到实验基地，等待他的最好结果，也许就是被柯伦和老师一脚踹回老家了吧。他脑子一片空白，目光漫无目的地四处乱看，突然，他目光一凝，海水中漂浮着的几个小小的深色的东西引起了他的注意。

"拿望远镜来！"卡特赶紧向副队长要过望远镜，双眼紧贴着目镜仔细看去。他看清楚了，那居然是他们丢下的几只木筏。

没想到经历了如此巨大的海啸，几只木筏还能完整地漂浮在海面上，木筏上的一些装备，因为捆得牢固，居然没有被海浪卷走。海啸令海平面上升了不少，之前断崖下的海滩已经被淹没。而这几只木筏，却被倒卷回海里的几棵巨大的断树勾住，没有被推向大海深处，而是漂浮在距离海岸100多米的地方。

“大家注意，我们这次出来虽然抓不到主要目标，完不成任务，但也不能就这么两手空空地回去。”卡特指着远处的木筏继续说，“我们去把装备取回来，然后回基地。”

副队长一听还要下水，不禁眉头紧皱，但也只是想了想，暗暗叹了口气，吆喝大家尽快动身。他知道卡特说得不错，任务失败，再弄丢这么多贵重装备，无论如何都交不了差。

这十几号人曾经也都算是军中精英，武装泅渡就跟吃饭似的，轻轻松松，100多米的距离很

快就游了过去。

副队长带头翻身爬上了最边上的一只木筏，紧接着卡特和其他几名队员也纷纷上了木筏。由于划桨丢失，剩下的队员分别扶着木筏踩水，在卡特的指挥下一起推着往海岸游去。

看上去一切顺利，副队长也暗自松了一口气。

可就在这时，副队长脚下的木筏突然被来自下方的力量猛地撞了一下，木筏不停地晃动，发出嘎吱嘎吱的响声。紧接着，扶着木筏的一名队员只来得及发出短促的一声呼叫，就被什么东西拖入水下，转眼失去了踪影。

“水下有什么东西？”卡特正好看到，吓得失声询问。他吼的这一嗓子，把其他人的注意力都吸引了过来。

副队长迅速把背上的步枪端在手里，警惕地盯着海面。三叠纪的海洋没有任何污染，本来应该是非常清澈的，一般情况下从海面看下去，能清晰地看到30～40米深的距离。假如阳光猛烈，60米深的距离都能看得清清楚楚。可是刚刚经历了大海啸，海浪把陆地上的泥沙、植物通通卷入大海中，现在的海水一片浑浊，到处都是杂物，很难观察到什么。

厄运接二连三，随着“啊……啊……”几声惨叫，另外几个木筏相继有队员被拖入水下。大家顿时慌乱了起来，几乎每个人都大喊大叫着奋力爬上木筏，很快有几只木筏因重心不稳发生了侧翻，木筏上的人和装备都一起落入了水中，只剩下卡特和副队长所在的木筏还浮在海面上。

“大家别慌！不要乱动！”副队长一声断喝，总算暂时稳住了军心，队员们停止了乱踢乱蹬，只保持轻微地踩水稳定住身体。副队长紧握手里的枪指向脚下的海水，可是心里却暗暗叫苦。他强行控制着手不要抖动，紧紧盯着浑浊的海水中穿梭游动的数道黑影。

副队长终于证实了，从实验基地得来的信息是正确的，三叠纪的海洋中的确有可怕的东西存在——现在，它们来了。

根据副队长的判断，海里这些黑影至少有5~6米长，它们身体修长，在海里灵活敏捷，而且从游泳方式看上去并不像鱼类，反而有点像蛇。

这到底是什么怪物？

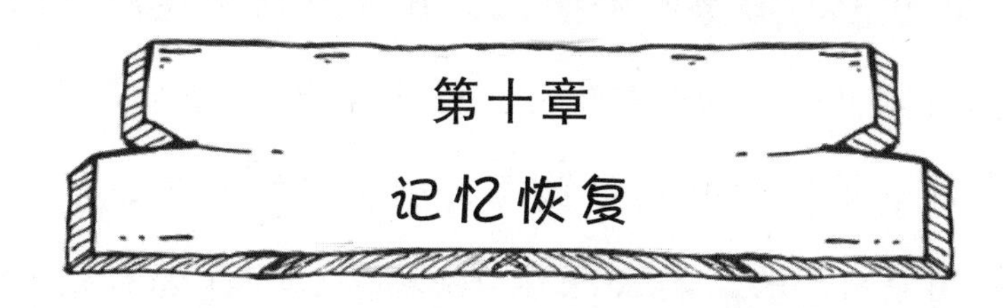

第十章 记忆恢复

“总算过去了！”古伟松开紧紧顶住岩石的双手，擦了擦额头上的汗，长舒了一口气。

从海啸一开始，古伟几人就全体上阵，用尽全力顶住封堵洞口的岩石，光靠那些树干顶着，他们不放心。

大海啸虽然没有正面冲击他们所在的洞穴，但几十米高的大浪还是把他们的洞穴淹了，突然升高的海水从封堵洞口的岩石缝隙灌入洞穴中。

古伟他们只干燥了短短一个晚上的衣服又再次湿透了，篝火也被浇灭，洞穴陷入了黑暗。

海水通过各种缝隙特别是洞口，以每秒大约3立方米的流量不停灌入，几人拼命顶住洞口的岩石阻止大量海水涌入，可水面还是逐渐攀升。幸好高地山腹洞穴足够大，洞顶高约6米，最高处可达13米，洞穴深达40米，洞穴深处有很多纵横交错的裂缝，海水涌入很快，短时间来不及排走，造成了洞内积水水面升高，洞穴里俨然变成了一个大池塘。

海啸来得快去得也快，不然几个孩子很可能在洞穴里被淹死。

海水顺着裂缝哗哗地向下流着。几个小伙伴泡在海水中载浮载沉，互相说着笑话缓解紧张的心情。“老天爷真好，知道咱们睡醒了，就放水来给咱们洗澡。”

这时，几条巴掌大的纺锤形的鱼从阿虎身边

游过，阿虎边用手去捞边打趣地说：“是啊，还怕我们饿着，专门给我们送来几条鱼当早餐呢。”

古伟和阿洛见状几乎同时出声：“阿虎当心，那是裂齿鱼！”阿虎被这个听起来有点恐怖的名字吓了一跳，立刻把手缩了回去，赶紧往旁边游开一些，远离那几条鱼。

“阿洛，看来你不用学习就能掌握知识的梦想已经实现了啊。”古伟笑着说。

阿洛习惯性地抓了抓头发回答：“说是这么说，但我感觉这些知识是真的不怎么牢固，如果不努力去温习和重复记忆，我很快就会遗忘掉这些强行灌入的知识，再度成为‘小白’。”阿洛停了停，满面笑容地继续说：“不过我要告诉各位一个好消息，我什么都想起来了，我的记忆已经全部恢复了！”

这可真是个好消息，不管阿洛是否能成为古生物学家，至少小伙伴们熟悉的他又回来了。

“各位，我建议离开这个池塘再慢慢聊。”蟠猫提议道。她的基因中混合了好几种恐龙的基因，却没有任何一种海龙，因此她对水并不感兴趣，尤其不喜欢长时间泡在水里。

这句话一出，拉面第一个表示赞同，作为大地的王者，它更加不喜欢这么泡在水里。

拆除支撑的树干，挪开堵塞洞口的岩石，几个小伙伴很快就出了洞穴。

天气虽然炎热，但徐徐的海风吹在湿透的身上，稍稍带些凉意。沿着隐秘的小路走上断崖顶，悬崖下面就是碧波荡漾的大海。几个小伙伴几乎同时听到，伴随海风而来的，除了涛声，竟然还有枪声和人类的惨叫声。

古伟几人大惊，急忙跑到悬崖边上向大海眺望，眼前的一幕让他们震惊万分。

只见距离海岸 100 多米的海水里，漂浮着几只木筏，木筏周边围着十几个军装打扮的人。他们身穿防弹背心，手里都拿着武器，正在向着海水中胡乱射击。

在他们四周的海水中，有不少身形修长的黑影偶尔将半个身体露出水面，对那群人不时发动袭击，每次袭击都会有人被拖入水下。

阿洛第一次见到这样恐怖的情景，紧张得两手紧握，手心都是汗，他目不转睛地看着，嘴里还不忘问身边的古生物学家："古伟，水里面的是鱼龙还是幻龙？我们能去救人吗？"

古伟叹了口气没有回答，阿虎和蟠猫表情严峻，也是一言不发地看着，只有见惯生死存亡，各种争斗场面的拉面不以为然，心想反正那帮人是来抓我们的，现在被海洋爬行动物当作点心也是咎由自取。不过，看到其他小伙伴心情沉重的样子，它也就只能保持沉默了。

古伟和阿虎几人已经看清楚那些都是实验基

地的人，尽管有心去救人，可也知道凭他们几人什么也做不了。

阿洛仔细观察，发现那些黑影游泳时像蛇一样左右摆动，身体又窄又长，有着长长的脖子和尾巴，隐隐约约还能看到身体两侧有四肢在划动。这些都不像是杯椎鱼龙那种拉长的纺锤形特征，而且成年的杯椎鱼龙有10米长，比现在看到的那些黑影更大。

“是幻龙，不是杯椎鱼龙，肯定是幻龙！”阿洛肯定地连声说道。

仿佛要证实阿洛的判断一般，一个黑影在海里突然发力加速，整个身体冲出水面，一口咬住木筏上的一个人，顺势把他拖入了海中。那人之前一直在对着周围的海水射击，可从他被突然袭击到被拖下水，却连一声惨叫都没来得及发出，就消失在海中了。

当那黑影露出真面目的时候，几个小伙伴都

看得一清二楚——它长着长长的脖子，一个窄长的大头配上长长的大嘴，嘴里稀疏的利齿细长而锋利，要是被这样的生物咬住就别想脱身了。

它正是三叠纪海洋的迷幻杀手——幻龙。

没过多长时间，木筏上的人在幻龙群不间断的攻击下，已经没剩下几个了。

看着身边的同伴一个接一个地消失在海中，卡特绝望了。在副队长也被一只突然跃起的怪物咬住拖入海中后，卡特彻底崩溃了。他放弃了抵抗，丢掉了手里的枪……

就在卡特绝望的时候，他看到海岸边的断崖上，正站着 5 个小小的身影。

阿洛和小特暴龙拉面他是认识的，这两位还是他亲自送到三叠纪实验基地来的。另外 3 个小孩子他只见过一面，只记得那两个男孩子是返老还童的人，那个女孩子样貌奇特，看着她就像看着一只人形的恐龙，充满了压迫感。

本来，他带领的搜索小队的任务，就是来抓这几个小孩子回去给自己的老师研究，好让大老板能实现青春常驻、返老还童的梦想，而老师和自己，则能获得巨额的金钱回报。可是现在一切都完了，自己被困在满是怪物的海里，那几个小孩子却好好地站在岸边看着自己。

“这太不公平了！”卡特思潮起伏，心中呐喊着。他捡起枪，瞄准断崖上的小身影。

然而还没等他扣动扳机，一只幻龙“哗啦”一声破开水面，大口一张咬住了卡特举着枪的手。

卡特大声咒骂，用力甩动手臂，想挣脱幻龙的大嘴。可是他不知道，幻龙有着结构复杂的双重颌部内收肌，像现在的鳄鱼一样，可以进行快速有力的咬合，再加上它们特殊的、前部细长后部短小的牙齿，一旦被它咬住就别想挣脱。

幻龙咬着卡特的手，长脖子一甩一拉，就把100多斤的卡特拖到了海里，瞬间消失在茫茫的

大海中。

海面上一个人也没有了，幻龙巡视一圈，捕猎完毕，转身向大海深处游去，转眼就失去踪影。海面上只剩下几只木筏和牢牢捆绑在它上面的装备。

古伟几人目睹了这惊心动魄又残酷血腥的一幕，心情久久不能平复。

良久，古伟长舒一口气，调整心情跟阿洛讲解："海生动物由于在水里，很难一下子就分辨出来，所以我们一般先从黑影与那些人的比例来看。黑影大约是有 6 米长，在三叠纪能达到或者超过这个长度的海生动物只有杯椎鱼龙和幻龙，再结合它们的体型和游泳的方式进行分析，可以断定那就是幻龙。"

阿洛不解地问："幻龙不是在深海活动吗？怎么跑到浅海来了？"

古伟耐心地解答：“一般情况下，幻龙的确不常在浅海活动，不过还是有特殊情况，例如它们准备要产卵，又或者刚刚的海啸把它们冲到了浅海。唉，只能说这帮人真是太不走运了……”

说话间，几人头顶上方突然传来嗡嗡的声音，古伟几人抬头看去，头顶上正悬停着一架多轴旋翼无人机，机架上是醒目的ATS几个字母。

“得救了！”看着这架突然出现的无人机，几个小伙伴一起欢呼起来。只有阿虎在小声地嘀咕：“哼！居然花了这么长时间才找来，不得不说他们现在的侦察水平真是下降了不少，等我恢复了，一定要提高训练强度才行……”

在三叠纪实验基地，柯伦和安迪德都显得有些心绪不宁。卡特已经很久没有主动联系基地了，对他的呼叫也一直没有应答，不知道发生了什么事情。

其实柯伦并不太关心卡特带领的搜索小队的人身安全，他关心的是能否实现返老还童的梦想。这个梦想的实现可都指望那几个小孩子呢。

“安迪德，赶紧跟你的学生取得联系，我要知道他究竟有没有完成任务！”这位超级富豪实在等得不耐烦了，他的时间可是非常宝贵的，假如卡特没能完成任务，他会毫不犹豫地派出第二队人马。

这时候，办公室的门打开了，克里走了进来。他微笑着跟办公室内的每一个人打招呼，然后在安迪德教授的对面坐了下来。

安迪德带着厌恶的表情看着这位死对头，没好气地说：“克里，你为什么还在这里，柯伦先生不是让你回东翼实验室工作了吗？”

“噢，亲爱的安迪德，我是过来关心一下你的学生。他已经出去快两天了，在这三叠纪，没有一个具备古生物专业知识的人跟他一起去执行任务，可是一件非常危险的事情。老实说，我都开始有点儿担心他的安危了。”克里皮笑肉不笑地说。

办公室里的其他人都不说话，因为大家都很清楚安迪德和克里两人之间简直就是水火不容，而卡特又是安迪德的学生和得力助手，一直帮着安迪德打压克里，克里对他也是恨之入骨。

安迪德此时焦虑不安，既怕卡特找不到几个小孩子完不成任务，又担心他真出什么事，听到这样的话立即火冒三丈，跳了起来。他指着克里的鼻子厉声喝道：“你以为你是谁！现在这里不欢迎你，立刻给我滚出去！”

“别发脾气嘛，安迪德教授，我是来这里等人的，看看时间，估计他们应该也快到了。”克里抬手看了看腕表，显得气定神闲。

安迪德正要反唇相讥，柯伦拍着桌子吼道：“好了！我现在只关心谁能联系上卡特，他究竟跑

到哪儿去了？我要的人呢？”

“柯伦，恐怕你要失望了，你要的人在我这里。至于那位卡特以及他带的那些人，对不起，我没能及时拯救他们。”门再次被推开，一个陌生的声音在办公室内响起，紧接着一个中年人走了进来。办公室随即涌进十几名全副武装的军人，迅速占据几个要点，把所有人都控制了起来。

看到来人，柯伦腾地坐直身体，脱口而出：“汉源部长！你……你怎么会出现在这里？”

话一说出口，他就马上反应过来。

这个实验基地是时空管理总局明确规定不能兴建的，而他瞒着总局在三叠纪建了实验基地，这是一起重大违法事件。汉源部长突然在此出现，绝对不会有什么好事情。

汉源部长把手上的一块金属片放在办公桌上，随即视频被投射在空中，内容正是无人机拍到的卡特搜索小队被幻龙袭击的场面。看着视频中搜索小队的队员一个一个被幻龙拖入海中丧生，柯伦脸色变得铁青，安迪德则面无血色。直到卡特最后也消失在画面中，安迪德一屁股坐在椅子上，表情呆滞，什么话也说不出来。

“唉，这个年轻人可惜了！早知道这样，我就提早一些把定位发给汉源部长，您早点过来，他们就不用去送死了。”谁都听得出来克里是在幸灾乐祸。

骤然听到克里这么说，安迪德像突然清醒了一样跳起来大声吼道：“克里，原来是你出卖了我们！你为什么要这样做？！”这也正是柯伦想要质问的，顿时，整个办公室所有人的目光都注视着克里。

克里嘿嘿冷笑了几声，盯着柯伦说：“柯伦先生，别以为我傻，抓到那几个小孩子后，我就彻底没用了。我跟你们共事太久，知道得太多，柯伦先生您是不会让我安全离开的。对吧，老板？”

说着他转头看向安迪德：“至于你，安迪德教授，请问你进行的人体实验，实验品是怎么来的？消耗了多少实验品？除了那位叫阿洛的小朋友算是成功了，失败的实验品都去哪儿了？”

安迪德被问得哑口无言，再次颓然坐倒，他知道自己完蛋了。

“安迪德，这些年我一直用恐龙来做实验，虽然也是违法的，但跟你比起来……好好收拾一下你的东西吧，恐怕你得把牢底坐穿了。”克里说到最后，忍不住抖动着满脸肥肉哈哈大笑起来。

汉源部长平静地看着柯伦，语气平和地问：“柯伦先生，你还有什么想说的吗？”

柯伦摇了摇头，却突然又想起来什么，他看着汉源部长的眼睛问道：“汉源部长，能不能告诉我，那两个孩子是不是真的是返老还童的成年人？”

汉源部长想了想，坦然地迎着柯伦的目光回

答："可以这么说。他们一个是古生物学家，一个是ATS第五大队的前队长，在一次执行时空任务的时候遇到意外，这才变成了12岁小孩子的模样。但其中原因我们一直没能找到，否则早就帮助他们恢复了。"

听到汉源部长的回答后，柯伦眼睛一亮，但很快又再次暗淡下去。他知道时空穿梭的风险，这种返老还童根本是不可控的，对他来说没有任何意义。

柯伦无力地瘫坐在椅子上，整个人似乎一下子老了很多。原先看上去50多岁的他，似乎瞬间身体就垮了下来。现在的柯伦，看着才是一位80多岁的老年人真正的模样。

两个星期后的一个下午，山海小学六年级（2）班放学了，古伟和几个小伙伴结伴一起走出校园。古伟拍着阿洛的肩膀说："阿洛同学，请问

我让你看的资料，你都记住了吗？”

阿洛愁眉苦脸地回答：“哎呀！古伟，我总感觉我全部都懂了，可不知道怎么回事，很快就又忘了。”

“哈哈哈，阿洛，你之前不是已经变成一名古生物学家了吗？怎么现在又把知识还给电脑了？”阿虎抓住机会取笑，谁让阿洛之前那么爱卖弄，整天一副专家学者的样子。

蟠猫也在一旁笑着说：“看来阿洛的古生物知识掌握得不太牢固，要不，找机会让监狱中的安迪德再给你做一次实验？”

这下连走在最后的拉面也咧嘴笑了起来。

“唉，我好可怜！果然强行灌输的知识是不牢靠的，还是要老老实实学习啊！”阿洛仰天哀叹，几个小伙伴笑得更大声了。

恐龙园地

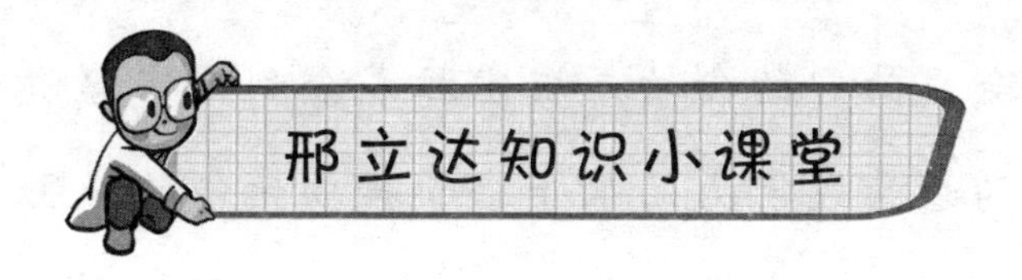

1. 埃雷拉龙

埃雷拉龙，大约生活在2.3亿年以前，是已知最早的兽脚类肉食性恐龙之一。

埃雷拉龙是轻巧的肉食性恐龙，有长尾巴及相当小的头。它的长度估计有3~6米。埃雷拉龙与后来的肉食性恐龙有许多相同之处：锐利的牙齿、巨大的爪和强有力的后肢。这给恐龙来源于同一个祖先的说法提供了证据。埃雷拉龙的骨骼细而轻巧，这使它成为敏捷的猎手。它耳朵里的听小骨表明，这种恐龙可能具有敏锐的听觉。

埃雷拉龙的主要食物是小型的植食性恐龙以及数量颇丰的其他爬行类动物，蜻蜓等昆虫可能也会成为它的食物。埃雷拉龙会利用它弯曲而尖锐的牙齿或有力的爪子给予猎物致命的一击，在得到猎物后会迅速离开，以避开体形较大的掠食者的争夺。未成年的埃雷拉龙可能会以其他动物的腐尸为食。

2. 板龙

板龙属于蜥臀类蜥脚形类植食性恐龙，生存

于三叠纪，约2.14亿到2.04亿年前的欧洲。

板龙的化石发现于1834年，并在1837年被描述，是最早被命名的恐龙之一，但不包含在最早用来定义为恐龙类的三个属之中，因为当时对板龙的了解有限。

板龙头部小、颈部长，长有锐利的牙齿。它的前肢较小但有大型拇指尖爪，可用来防卫与帮助进食。板龙体形庞大，用二足行走，身长可达6~10米，是出现在地球上的第一种巨型恐龙，也是三叠纪已知最大的恐龙之一——实际上板龙更是三叠纪最大的陆生动物之一。在板龙出现以前，最大的植食类动物的身材也就像一头猪那样大，而板龙要大得多，它的身体有一辆公共汽车那么大，可以说板龙开创了一个历史。

3. 杯椎鱼龙

杯椎鱼龙属于早期原始鱼龙类，生活在三叠纪中晚期，距今约 2.4 亿到 2.1 亿年。杯椎鱼龙原先被划分为原始的萨斯特鱼龙科，跟巢湖龙、混鱼龙的关系较接近。杯椎鱼龙类似鳗鱼的外形使得有些科学家怀疑它们是否为真正的鱼龙类。近几年的研究认为，杯椎鱼龙比萨斯特鱼龙科更原始。

尽管较为原始，杯椎鱼龙却是最长的鱼龙类之一，化石显示其身长约 6~10 米。杯椎鱼龙是最不像鱼类的鱼龙类之一，背部没有背鳍，尾巴有长的下鳍。跟其他鱼龙类一样，它们也拥有延长的口鼻部。杯椎鱼龙的游泳速度不快，不过相当稳定。

杯椎鱼龙体形虽大，却无法威胁到同时代的其他海生爬行动物，例如幻龙。杯椎鱼龙的头部长约1米，颌部大，具有多排小型牙齿，可能用来咬住、固定小到中型猎物，例如小型鱼类、箭石、头足类、菊石；无法咬住、固定住大型动物。

成年的杯椎鱼龙可能大多在深海捕食鱼类，只有在生产、捕食特定食物来源时游到浅水地区。

4. 恶魔龙

恶魔龙属于兽脚类恐龙，生活于南美洲的阿根廷，年代为三叠纪晚期。

恶魔龙是中型的双足肉食性恐龙，它的鼻子前端长有两个平行的骨质凸起，这是它们最明显的特征。这两个骨质凸起是由鼻骨延伸而成的，可能是帮助其辨认同属或同种的恐龙，也可能是用来吸引异性的。

迄今还未发现完整的恶魔龙骨骼，研究者推

测恶魔龙身长可达 4 米。

5. 南十字龙

南十字龙是一种小型的兽脚类恐龙，最早生活于三叠纪晚期。南十字龙被命名的时候是 1970 年，而当时在南半球的恐龙发现案例极少，因此其名字便以只有南半球才可以看见的南十字星座来命名。另外发现地在巴西，而巴西国旗上也有南十字星座的图案，这个命名也就顺理成章了。

该物种被认为是最早的恐龙之一，一些学者认为侏罗纪和白垩纪的相当一部分肉食性恐龙都是由南十字龙演化而来。南十字龙成功躲过了第四次物种大灭绝，因此它对恐龙的演化，尤其是肉食性恐龙的演化有着至关重要的作用。

南十字龙体形较小。身长约2米，长着一口整齐、小而弯曲的牙齿。前肢较短，细长的像鸟腿一样的后肢可用来追逐猎物；长长的尾巴在快速行走和奔跑时能平衡身体。南十字龙以小型动物为食。

6. 卡米洛特龙

卡米洛特龙属于近蜥龙类，生存于约2亿年前到1.95亿年前的三叠纪晚期至侏罗纪早期的英格兰大地上。

卡米洛特龙被认为是一种小型恐龙，身长在2米左右。它既可以四足行走也可以二足行走。前肢有着多种用途，前掌可以向内弯曲用来抓食物。

它的第一指可做出与其他手指相对应的动作，类似拇指。后掌有五趾，可以平放在地上，脚跟较强壮。这些非特化的特征在早期恐龙中常常可见。

7. 雷龙

雷龙属于蜥脚类恐龙，是世界上最知名的恐龙之一。它头颈长且粗壮，并且可以一定程度地扬起。尾巴像鞭子一样细长。雷龙生活在侏罗纪，主要化石产地为美国，和迷惑龙的产地基本完全重合。

雷龙大约体长20米，它的脖子约长8米，实际上比躯体还长。它身体后半部比肩部高，但当它以后脚跟支撑而站立时，简直是高耸入云。它可能生活在平原与森林中，并可能成群结队而行。

雷龙体躯庞大，四肢粗壮，脚掌宽大，脚趾

短粗，前脚上具有1个、后脚上具有3个发达的趾爪。自雷龙化石被发现后，雷龙便“身世”不凡，发现之初人们把它视作最重的恐龙。

由于生活区域常有异特龙出没，雷龙极有可能受到异特龙的攻击而成为它们的猎物。

雷龙这个名称曾经在1974年被废除，被早两年命名的迷惑龙所取代。在长达40年的时间内，雷龙和迷惑龙被认为是同一物种。如今，这两个物种又被分开。科学家通过研究不断发掘出来的新化石，发现雷龙和迷惑龙之间有许多重大差异。

8. 雷前龙

雷前龙是已知最古老的蜥脚类恐龙之一，生存于三叠纪晚期的非洲南部。它是四足的植食性恐龙，与其他蜥脚类的近亲相比，体形较小。但是，雷前龙在其生活的环境中仍是最大型的生物之一，身体能长到约10米。

雷前龙主要以四足方式移动。与其他早期生物相比，雷前龙的前肢与后肢比例更大，而手腕骨亦较宽、厚，可以支撑体重。不但如此，雷前龙的拇指较灵活，能做出与其他指相对应的动作，因此它的前肢是可以用来抓东西的，而非单纯支撑体重。而后期更为进化的蜥脚类恐龙，手腕骨都是大而厚的，手掌只能朝下，用以支撑身体，而不能抓取东西。

9. 理理恩龙

理理恩龙属于兽脚类恐龙，生存于约 2.05 亿年前的三叠纪晚期，化石于 1922 到 1923 年在德国巴登–符腾堡州一个叫特罗辛根的市镇被发现。

理理恩龙体长将近 5 米，是那个时期生活的最大的肉食性恐龙之一。它长得很像以后出现的双脊龙——有着长长的脖子和尾巴，前肢却相当短。此外，理理恩龙还显示了许多早期肉食性恐龙的特点，比如，前肢还有 5 根指。不过，它的第四指和第五指已经退化缩小了。在以后出现的肉食性恐龙中，第四指和第五指根本就不发育了。

理理恩龙最特别的地方是它头上的脊冠，由于脊冠只是两片薄薄的骨头，所以很不结实。在捕食时如果脊冠被攻击，它可能因剧痛而放弃眼前的猎物，这也是唯一能够摆脱它的办法。

10. 始奔龙

始奔龙是一种新命名的原始鸟臀类恐龙，生存于三叠纪晚期，约2.1亿年前的南非。始奔龙的化石是迄今保存最完整的三叠纪鸟臀类化石，它的发现有助于了解鸟臀类恐龙的起源。

始奔龙是一种轻型、二足恐龙，身长估计约1米。始奔龙的外形类似早期的侏罗纪鸟臀类恐龙，例如莱索托龙与腿龙。始奔龙的大型手部类似畸齿龙类，畸齿龙类是原始鸟臀类的一个演化支。始奔龙的牙齿为三角形，类似鬣蜥的牙齿，这显示它们的部分植食性特征。始奔龙胫骨长于股骨，表明其可能是快速的奔跑者。

11. 始盗龙

始盗龙是世界最早的恐龙之一，一度被认为是兽脚类与蜥脚类恐龙的共同祖先。它是二足肉食性恐龙，生活于2.31亿年前的阿根廷西北部。

始盗龙的身体小巧，成年后约1米长。它的前肢只有后肢长度的一半，且前肢有五指。其中最长的3根手指都有指爪，被推测是用来捕捉猎物的。科学家推测其第四、第五指太小，不足以在捕猎时发生作用。

始盗龙可能主要吃小型动物。它能够快速奔跑，当捕捉到猎物后，会用指爪及牙齿撕开猎物。它的叶状齿类似原蜥脚类的牙齿，同时有着肉食性及植食性的性点，所以它很有可能是杂食性动物。

12. 双脊龙

双脊龙，因它头顶有两个冠状物而得名。双脊龙属于兽脚类恐龙，是三叠纪晚期到侏罗纪早期的中型肉食恐龙，生活于约 1.93 亿年前，是已知生存年代最早的恐龙之一。目前它的化石在中国的云南省、重庆市、西藏自治区发现得比较多。

双脊龙身长约 6 米，最明显的特征是头颅骨顶端有一对圆形头冠，这些圆形头冠很脆弱，不能作为武器，可能是一种视觉辨识物。

双脊龙的形象多次出现在影视与小说作品中，但这些作品中的双脊龙形象纯属虚构，跟古生物学的观点有很大的出入。